计算机技术开发与应用丛书

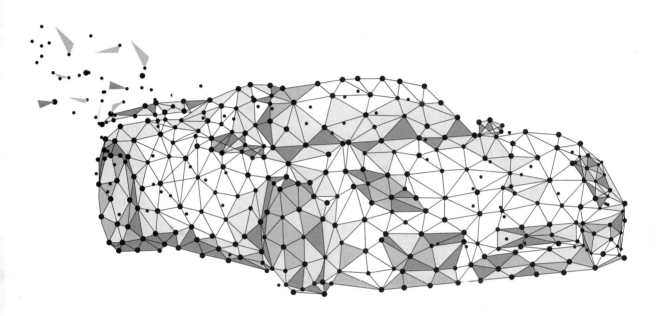

UG NX
快速入门教程

微课视频版

邵为龙 ◎ 编著

清华大学出版社

北京

内 容 简 介

本书针对零基础的高职高专、本科学生和广大工程技术人员，循序渐进地介绍使用 UG NX 进行机械产品设计的相关内容，包括 UG NX 概述、软件的工作界面与基本操作设置、二维草图设计、零件设计、钣金设计、装配设计、模型的测量与分析、工程图设计、曲面设计、动画与运动仿真、结构分析等。

为了使读者能够更快地掌握 UG NX 软件的基本功能，本书在内容安排上，结合大量的案例对 UG NX 软件中一些抽象的概念、命令和功能进行讲解；在写作方式上，采用真实的软件操作界面，对对话框、操控板和按钮等进行具体讲解，使读者可以直观、准确地操作软件，从而尽快上手，提高学习效率。

本书内容全面、条理清晰、实例丰富、讲解详细、图文并茂，可作为高等院校和各类培训学校 UG NX 课程的教材或上机练习素材，也可作为广大工程技术人员学习 UG NX 的自学教材或参考书。

图书在版编目（CIP）数据

UG NX快速入门教程：微课视频版/邵为龙编著. —北京：清华大学出版社，2023.6
（计算机技术开发与应用丛书）
ISBN 978-7-302-62887-3

Ⅰ. ①U… Ⅱ. ①邵… Ⅲ. ①计算机辅助设计－应用软件－教材 Ⅳ. ①TP391.72

中国国家版本馆CIP数据核字（2023）第037790号

责任编辑：赵佳霓
封面设计：吴 刚
责任校对：时翠兰
责任印制：刘海龙

出版发行：清华大学出版社
　　　　网　　　　址：http://www.tup.com.cn, http://www.wqbook.com
　　　　地　　　　址：北京清华大学学研大厦 A 座　　　　邮　　编：100084
　　　　社　总　机：010-83470000　　　　邮　　购：010-62786544
　　　　投稿与读者服务：010-62776969，c-service@tup.tsinghua.edu.cn
　　　　质　量　反　馈：010-62772015，zhiliang@tup.tsinghua.edu.cn
　　　　课　件　下　载：http://www.tup.com.cn,010-83470236
印　装　者：三河市君旺印务有限公司
经　　销：全国新华书店
开　　本：186mm×240mm　　　　印　张：14.5　　　　字　　数：328 千字
版　　次：2023 年 6 月第 1 版　　　　印　次：2023 年 6 月第 1 次印刷
印　　数：1～1500
定　　价：49.00 元

产品编号：098756-01

前言
PREFACE

UG NX（Unigraphics NX）是 Siemens PLM Software 公司出品的一个产品工程解决方案的软件工具，它为用户的产品设计及加工过程提供了数字化造型和验证手段。UG NX 针对用户的虚拟产品设计和工艺设计的需求，并且满足各种工业化需求，提供了经过实践验证的解决方案。其内容覆盖了产品从概念设计、工业造型设计、三维模型设计、分析计算、动态模拟与仿真、工程图输出到加工生产的全过程，其应用范围涉及航空航天、汽车、机械、造船、通用机械、医疗机械、家居家装、数控加工和电子等诸多领域。

由于具有强大、完美的功能，UG NX 近几年几乎成为三维 CAD/CAM 领域的一面旗帜和标准，它在国内各大专院校已经成为工程专业的必修课程，也成为工程技术人员必备的技术。UG NX 12 在设计创新、易学易用和提高整体性能等方面都得到了显著的加强。

本书可作为系统、全面学习 UG NX 12 的教材。结合书中大量的案例，读者可快速入门与深入实战。本书的特色如下：

（1）内容全面。涵盖了草图设计、零件设计、钣金设计、装配设计、工程图制作、曲面设计、动画与运动仿真、结构分析等。

（2）讲解详细，条理清晰。保证自学的读者能独立学习和实际使用 UG NX 12 软件。

（3）范例丰富。本书对软件的主要功能命令，先结合简答的范例进行讲解，然后安排一些较复杂的综合案例帮助读者深入理解、灵活运用。

（4）写法独特。采用 UG NX 12 真实对话框、操控板和按钮进行讲解，使初学者可以直观、准确地操作软件，大大提高学习效率。

（5）附加值高。本书涵盖了几百个知识点、设计技巧，并结合工程师多年的设计经验录制了具有针对性的实例教学视频，时间长达 13.5 小时。

本书由济宁格宸教育咨询有限公司的邵为龙编著，参加编写的人员还有吴晓玲、程拱、吕广凤、邵玉霞、陆辉、石磊、邵翠丽、陈瑞河、吕凤霞、孙德荣、吕杰、王强。本书经过多次审核，如有疏漏之处，恳请广大读者予以指正，以便及时更新和改正。

编者

2023 年 1 月

目 录
CONTENTS

配套案例　　　教学课件（PPT）　　　示例文件

第 1 章

UG NX 概述

UG NX（Unigraphics NX）是 Siemens PLM Software 公司出品的一个产品工程解决方案的软件工具，是一个交互式 CAD/CAM/CAE 系统，它功能强大，可以轻松实现各种复杂实体及造型的创建。它为用户的产品设计及加工过程提供了数字化造型和验证手段。UG NX 针对用户的虚拟产品设计和工艺设计的需求，提供了经过实践验证的解决方案。UG 同时也是用户指南(User Guide)和普遍语法(Universal Grammar)的缩写。

UG NX 的开发始于 1990 年 7 月，它是基于 C 语言开发实现的。UG NX 是一个在二维和三维空间无结构网格上使用自适应多重网格方法开发的灵活的数值求解偏微分方程的软件工具，其设计思想足够灵活地支持多种离散方案。

UG NX 在航空航天、汽车、通用机械、工业设备、医疗器械及其他高科技应用领域的机械设计和模具加工自动化的市场上得到了广泛应用。多年来，UG NX 一直在支持美国通用汽车公司实施目前全球最大的虚拟产品开发项目，同时也是日本著名汽车零部件制造商DENSO 公司的计算机应用标准，并在全球汽车行业得到了广泛应用，如 Navistar、底特律柴油机厂、Winnebago 和 Robert Bosch AG 等。另外，UGS 公司在航空领域也有很好的表现：在美国的航空业，安装了超过 10 000 套 UG 软件；在俄罗斯航空业，UG 软件占有 90%以上的市场；在北美汽轮机市场，UG 软件约占 80%。UGS 在喷气发动机行业也占有领先地位，拥有如 Pratt & Whitney 和 GE 喷气发动机公司这样的知名客户。

UG NX 采用了模块方式，可以分别进行零件设计、装配设计、工程图设计、钣金设计、曲面设计、自顶向下设计、机构运动仿真、结构分析、产品渲染、管道设计、电气布线、模具设计、数控编程加工等，保证用户可以按照自己的需要选择使用。通过认识 UG NX 中的模块，读者可以快速了解它的主要功能。下面具体介绍 UG NX 12 中的一些主要功能模块。

1. 零件设计

UG NX 零件设计模块主要用于二维草图及各种三维零件结构的设计，UG NX 零件设计模块利用基于特征的思想进行零件设计，零件上的每个结构（如凸台结构、孔结构、倒圆角结构、倒斜角结构等），都可以看作一个个的特征（如拉伸特征、孔特征、倒圆角特征、倒斜角特征等），UG NX 零件设计模块具有各种功能强大的面向特征的设计工具，方便进行各种零件结构设计。

2. 装配设计

UG NX 装配设计模块主要用于产品装配设计，软件向用户提供了两种装配设计方法，一种是自下向顶的装配设计方法；另一种是自顶向下的装配设计方法。使用自下向顶的装配设计方法可以将已经设计好的零件导入 UG NX 装配设计环境进行参数化组装以得到最终的装配产品；使用自顶向下设计方法首先设计产品总体结构造型，然后分别向产品零件级别进行细分以完成所有产品零部件结构的设计，得到最终产品。

3. 工程图设计

UG NX 工程图设计模块主要用于创建产品工程图，包括产品零件工程图和装配工程图，在工程图模块中，用户能够方便地创建各种工程图视图（如主视图、投影视图、轴测图、剖视图等），还可以进行各种工程图标注（如尺寸标注、公差标注、粗糙度符号标注等），另外工程图设计模块具有强大的工程图模板定制功能及工程图符号定制功能，还可以自动生成零件清单（材料报表），并且提供与其他图形文件（如 dwg、dxf 等）的交互式图形处理，从而扩展 UG NX 工程图的实际应用。

4. 钣金设计

UG NX 钣金设计模块主要用于钣金件结构设计，包括突出块、钣金弯边、轮廓弯边、放样弯边、折边弯边、高级弯边、钣金折弯、钣金展开、钣金边角处理、钣金成型及钣金工程图等，还可以在考虑钣金折弯参数的前提下对钣金件进行展平，从而方便钣金件的加工与制造。

5. 曲面设计

UG NX 曲面造型设计模块主要用于曲面造型设计，用来完成一些造型比较复杂的产品造型设计。UG NX 具有多种高级曲面造型工具，如扫掠曲面、通过曲线组、通过曲线网格及填充曲面等，帮助用户完成复杂曲面的建模。学习曲面设计最主要的原因是在学习曲面知识的过程中我们会接触到很多设计理念和设计思维方法，这些内容在基础模块的学习中是接触不到的，所以学习曲面知识能够极大地扩展我们的设计思路，特别对于结构设计人员非常有帮助。

6. 机构运动仿真

UG NX 机构运动模块主要用于运动学仿真，用户通过在机构中定义各种机构运动副（如旋转副、滑动副、柱面副、螺旋副、点在线上副、线在线上副、齿轮副、线缆副等）使机构各部件能够完成不同的动作，还可以向机构中添加各种力学对象（如弹簧、阻尼、二维接触、三维接触、重力等），使机构运动仿真更接近于真实水平。由于运动仿真可以真实地反映机构在三维空间的运动效果，所以通过机构运动仿真能够轻松地检查出机构在实际运动中的动态干涉问题，并且能够根据实际需要测量各种仿真数据，具有很高的实际应用价值。

7. 结构分析

UG NX 结构分析模块主要用于对产品结构进行有限元结构分析，是对产品结构进行可靠性研究的重要应用模块，在该模块中可以使用 UG NX 自带的材料库进行分析，也可以自己定义新材料进行分析。UG NX 能够方便地加载各种约束和载荷，模拟产品的真实工况；

同时网格划分工具也很强大，网格可控性强，方便用户对不同结构有效地进行网格划分。另外，在该模块中还可以进行静态及动态结构分析、模态分析、疲劳分析及热分析等。

8. 产品渲染

UG NX产品高级渲染主要用于对设计出的产品进行渲染，也就是给产品模型添加外观、材质、虚拟场景等，模拟产品的实际外观效果，使用户能够预先查看产品的最终效果，从而在一定程度上给设计者一定的反馈。UG NX提供了功能完备的外观材质库供渲染使用，方便用户进行产品渲染。

9. 管道设计

UG NX管道设计模块主要用于三维管道布线设计，用户通过定义管道线材、创建管道路径并根据管道设计需要向管道中添加管道线路元件（管接头、三通管、各种泵或阀等），能够有效地模拟管道的实际布线情况，查看管道在三维空间的干涉问题。另外，模块中提供了多种管道布线方法，帮助用户进行各种情况下的管道布线，从而提高管道布线的设计效率。

10. 电气布线

UG NX电气线束设计模块主要用于三维电缆布线设计，用户通过定义线材、创建电缆铺设路径，能够有效地模拟电缆的实际铺设情况，查看电缆在三维空间的干涉问题。另外，模块中提供了各种整理电缆的工具，使用户铺设的电缆更加紧凑，从而节约电缆铺设成本。电缆铺设完成后，还可以创建电缆钉板图，用来指导电缆实际加工与制造。

11. 模具设计

UG NX模具设计模块主要用于模具设计，如注塑模具设计，此模块提供了多种型芯、型腔设计方法。使用UG模具外挂EMX，能够帮助用户轻松地完成整套模具的模架设计。

12. 数控编程加工

UG NX数控加工编程模块主要用于模拟零件数控加工操作并得出零件数控加工程序，UG将生产过程、生产规划与设计造型连接起来，所以任何在设计上的改变，软件都能自动地将已做过的生产上的程序和资料更新，而无须用户自行修正。它将具备完整关联性的UG产品线延伸至加工制造的工作环境里，允许用户采用参数化的方法去定义数值控制（NC）工具路径，凭此才可将UG生成的模型进行加工。对这些信息接着进行后期处理，可产生驱动NC器件所需的编码。

第 2 章

UG NX 软件的工作界面
与基本操作设置

2.1 工作目录

1. 什么是工作目录

工作目录简单地来讲就是一个文件夹,这个文件夹的作用又是什么呢?我们都知道当使用 UG NX 完成一个零件的具体设计后,肯定需要将其保存下来,这个保存的位置就是工作目录。

2. 为什么要设置工作目录

工作目录其实是用来帮助我们管理当前所做的项目的,是一个非常重要的管理工具。下面以一个简单的装配文件为例,介绍工作目录的重要性。例如,一个装配文件需要 4 个零件来装配,如果之前没注意工作目录的问题,将这 4 个零件分别保存在 4 个文件夹中,则在装配时,依次需要到这 4 个文件夹中寻找装配零件,这样操作起来就比较麻烦,也不便于工作效率的提高;在保存装配文件时,如果不注意,则很容易将装配文件保存于一个我们不知道的地方,如图 2.1 所示。

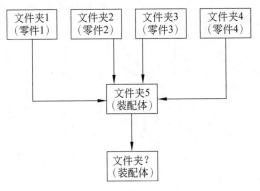

图 2.1　不合理的文件管理

如果在进行装配之前设置了工作目录,并且对这些需要进行装配的文件进行了有效管理

（将这4个零件都放在创建的工作目录中），这些问题都不会出现；另外，我们在完成装配后，装配文件和各零件都必须保存在同一个文件夹中（同一个工作目录中），否则下次打开装配文件时会出现打开失败的问题，如图2.2所示。

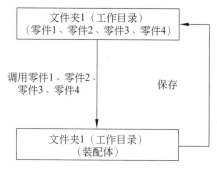

图 2.2　合理的文件管理

3. 如何设置工作目录

在项目开始之前，首先在计算机上创建一个文件夹作为工作目录（如在 D 盘中创建一个 UG-work 的文件夹），用来存放和管理该项目的所有文件（如零件文件、装配文件和工程图文件等）。

2.2　软件的启动与退出

2.2.1　软件的启动

启动 UG NX 软件主要有以下几种方法。

方法 1：双击 Windows 桌面上的 NX 12 软件快捷图标。

方法 2：右击 Windows 桌面上的 NX 12 软件快捷图标选择"打开"命令。

方法 3：从 Windows 系统开始菜单启动 UG NX 12 软件，操作方法如下。

步骤 1：单击 Windows 左下角的 ⊞ 按钮。

步骤 2：选择 ⊞ → 所有程序 → Siemens NX 12.0 → NX 12.0 命令。

说明：读者正常安装 UG NX 12 之后，在 Windows 桌面上默认都有 UG NX 12 的快捷图标。

方法 4：双击现有的 UG NX 文件也可以启动软件。

2.2.2　软件的退出

退出 UG NX 软件主要有以下几种方法。

方法 1：选择下拉菜单"文件"→"退出"命令退出软件。

方法 2：单击软件右上角的 ☒ 按钮。

方法 3：按下快捷键 Alt+F4 退出软件。

2.3 UG NX 工作界面

26min

在学习本节前，先打开一个随书配套的模型文件。选择下拉菜单"文件"→"打开"命令，在"打开"对话框中选择目录 D:\UG12\work\ch02.03，选中"工作界面"文件，单击 OK 按钮。

说明：为了使工作界面保持一致，建议读者将角色文件设置为"高级"，设置方法如下：单击资源工具条中的 💥（角色）按钮，然后选择"内容"下的"角色高级"。

UG NX 12 版本零件设计环境的工作界面主要包括快速访问工具条、标题栏、功能选项卡、下拉菜单、过滤器、资源条选项、图形区和状态栏等，如图 2.3 所示。

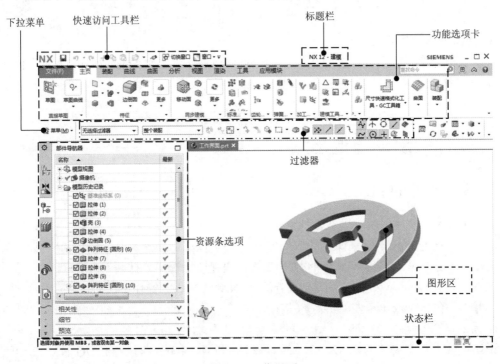

图 2.3 工作界面

1. 快速访问工具栏

快速访问工具栏包含新建、打开、保存、打印等与文件相关的常用功能，快速访问工具条为快速进入命令提供了极大的方便。

快速访问工具栏中的内容是可以自定义的，用户可以通过单击快速访问工具条最右侧的"工具条选项" ▾ 按钮，如果前面有 ✔，则代表已经在快速访问工具条中显示，如果前面没有 ✔，则代表没有在快速访问工具条中显示。

2. 标题栏

标题栏主要用于显示当前所处的工作环境，如图 2.3 所示说明当前是"建模"环境。

3. 功能选项卡

功能选项卡显示了 UG NX 建模中的常用功能按钮，并以选项卡的形式进行分类；有的面板中没有足够的空间显示所有的按钮，用户在使用时可以单击下方或者右侧带三角的按钮 ▼ ，以展开折叠区域，显示其他相关的命令按钮。

注意：用户会看到有些菜单命令和按钮处于非激活状态（呈灰色，即暗色），这是因为它们目前还没有处在发挥功能的环境中，一旦它们进入有关的环境，便会自动激活。

下面是零件模块功能区中部分选项卡的介绍。

（1）主页功能选项卡包含 UG NX 中常用的零件建模工具，主要有实体建模工具、基准工具、同步建模工具、GC 工具箱的相关工具等。

（2）装配功能选项卡用于插入零部件、定位零部件、移动零部件、复制零部件、装配干涉检查、装配爆炸图、装配拆卸动画及自顶向下设计等。

（3）曲线功能选项卡主要用于二维与空间草图的绘制与编辑。

（4）曲面功能选项卡用于曲面的创建、曲面的编辑及进行 NX 创意造型。

（5）分析功能选项卡主要用于数据的测量、曲线质量的分析、曲面质量的分析、质量属性的测量、属性比较、壁厚分析等。

（6）视图功能选项卡用于窗口的设置、模型的旋转、模型的缩放、模型的移动、图层的管理、视图显示方式的调整及对象的显示设置等。

（7）工具功能选项卡主要用于材料的设置、参数化设计、光栅图像、电子表格、录制电影、标准件库、模型的更新设置及需求验证等。

（8）应用模块功能选项卡主要用于在不同工作环境之间灵活地切换。

4. 下拉菜单

下拉菜单包含了软件在当前环境下所有的功能命令，其中主要包含了文件、编辑、视图、插入、格式、工具、装配、PMI、信息、分析、首选项、窗口、GC 工具箱、帮助下拉菜单，主要作用是帮助我们执行相关的功能命令。

5. 过滤器

过滤器可以帮助我们选取特定类型的对象，例如只想选取边线，此时只需在下拉列表中选中"边"。

6. 资源条选项

资源工具条区主要选项的功能说明如下。

（1）装配导航器：装配导航器中列出了装配模型的装配过程及装配模型中的所有零部件。

（2）部件导航器：部件导航器中列出了当前模型创建的步骤及每步所使用的工具。

（3）重用库：用于管理各种标准件和用户自定义的常用件。

（4）Web 浏览器：就是 UG NX 内嵌的网络浏览器，联网可以查询资料。

（5）历史记录：历史记录中会显示曾经打开过的文件，方便下次使用软件快速打开相应文件。

（6）角色导航器：这里会有几种角色的显示，我们一般选择高级角色选项。

7. 部件导航器

部件导航器中列出了活动文件中的所有零件、特征及基准和坐标系等，并以树的形式显示模型结构。部件导航器的主要功能及作用有以下几点：

（1）查看模型的特征组成。例如图 2.4 所示的模型就是由 3 个拉伸特征组成的。

（2）查看每个特征的创建顺序。例如图 2.4 所示的模型第 1 个创建的特征为拉伸 1，后面依次创建的特征为拉伸 2 与拉伸 3。

（3）查看每步特征创建的具体结构。在部件导航器中的"拉伸 1"上右击，在弹出的快捷菜单中选择"设为当前特征"命令，此时绘图区将只显示拉伸 1 创建的特征，如图 2.5 所示。

（4）编辑及修改特征参数。右击需要编辑的特征，在系统弹出的下拉菜单中选择"可回滚编辑"命令就可以修改特征数据了。

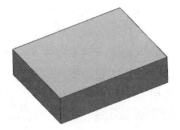

图 2.4　部件导航器

图 2.5　拉伸 1

8. 图形区

图形区是用户主要的工作区域，建模的主要过程及绘制前后的零件图形、分析结果和模拟仿真过程等都在这个区域内显示。用户在进行操作时，可以直接在图形区中选取相关对象进行操作。图形区也叫主工作区，类似于计算机的显示器。

9. 状态栏

状态栏分为两个区域，左侧是提示栏，用来提示用户如何操作；右侧是反馈栏，用来显示系统或图形当前的状态或者执行每个操作后的结果，例如显示选取结果信息等（把鼠标放在模型上的某一位置就会显示相应的信息）。执行每个操作时，系统都会在提示栏中显示用户必须执行的操作，或者提示下一步操作。对于大多数命令，可以利用提示栏的提示来完成操作。

▶ 12min

2.4　UG NX 基本鼠标操作

使用 UG NX 软件执行命令时，主要是用鼠标指针单击工具栏中的命令图标，也可以选择下拉菜单或者用键盘输入快捷键来执行命令，还可以使用键盘输入相应的数值。与其他的

CAD 软件类似，UG NX 也提供了各种鼠标的功能，包括执行命令、选择对象、弹出快捷菜单、控制模型的旋转、缩放和平移等。

2.4.1　使用鼠标控制模型

1. 旋转模型

（1）按住鼠标中键，移动鼠标就可以旋转模型了，鼠标移动的方向就是旋转的方向。

注意：按住中键后移动鼠标进行旋转的中心是由系统自动判断的，与鼠标放置的位置无关；如果读者想以鼠标位置为旋转中心，则只需按住中键几秒，然后移动鼠标。

（2）在绘图区空白位置右击，在系统弹出的快捷菜单中选择"旋转"，按住鼠标左键移动鼠标即可旋转模型。

（3）按键盘上的 F7 快捷键，然后按住鼠标左键移动鼠标即可旋转模型。

2. 缩放模型

（1）滚动鼠标中键，向前滚动可以缩小模型，向后滚动可以放大模型。

注意：在 UG NX 中缩放的方向可以根据用户自己的使用习惯进行设置，设置方法如下：

选择下拉菜单"文件"→"实用工具"→"用户默认设置"命令，系统会弹出"用户默认设置"对话框，单击左侧"基本环境"节点下的"视图操作"，在"视图操作"选项卡下的"鼠标滚轮滚动"区域的"方向"下拉列表设置即可，后退以放大是指向后滚动鼠标放大图形，向前滚动鼠标缩小图形；前进以放大是指向前滚动鼠标放大图形，向后滚动鼠标缩小图形，设置完成后重启软件便可生效。

（2）先按 Ctrl 键，然后按住鼠标中键，向前移动鼠标可以缩小模型，向后移动鼠标可以放大模型。

（3）在绘图区空白位置右击，在系统弹出的快捷菜单中选择"缩放"，然后框选需要放大的区域即可。

3. 平移模型

（1）先按住 Shift 键，然后按住鼠标中键，移动鼠标就可以移动模型了，鼠标移动的方向就是模型移动的方向。

（2）在绘图区空白位置右击，在系统弹出的快捷菜单中选择"平移"，按住鼠标左键移动鼠标即可平移模型。

注意：如果由于误操作导致模型无法在绘图区显示，用户则可以通过按快捷键 Ctrl+F 或者在绘图区右击并选择"适合窗口"命令即可快速将模型最大化显示在绘图区。

2.4.2　对象的选取

1. 选取单个对象

（1）直接用鼠标左键单击需要选取的对象。

（2）在部件导航器中单击对象名称即可选取对象，被选取的对象会加亮显示。

2. 选取多个对象

（1）在图形区单击多个对象就可以直接选取多个对象。

（2）在部件导航器中按 Ctrl 键单击多个对象名称即可选取多个对象。

（3）在部件导航器中按住 Shift 键选取第 1 个对象，再选取最后一个对象，这样就可以选中从第 1 个到最后一个对象的所有对象。

2.5 UG NX 文件操作

2.5.1 打开文件

正常启动软件后，要想打开名称为"支架"的文件，其操作步骤如下。

步骤 1：执行命令。选择快速访问工具栏中的 🖼 （或者选择下拉菜单"文件"→"打开"命令），系统会弹出"打开"对话框。

步骤 2：打开文件。找到模型文件所在的文件夹后，在文件列表中选中要打开的文件名为"支架"的文件，单击 OK 按钮，即可打开文件（或者双击文件名也可以打开文件）。

注意：对于最近打开的文件，可以在"资源条选项"中的"历史记录"中查看，在"历史记录"中要打开的文件上单击即可快速打开。

单击"文件类型"文本框右侧的 ∨ 按钮，选择某一种文件类型，此时文件列表中将只显示此类型的文件，方便用户打开某一种特定类型的文件。

2.5.2 保存文件

保存文件非常重要，读者一定要养成间隔一段时间就对所做工作进行保存的习惯，这样就可以避免出现一些意外而造成不必要的麻烦。保存文件分两种情况：如果要保存已经打开的文件，文件保存后系统则会自动覆盖当前文件；如果要保存新建的文件，系统则会弹出"另存为"对话框。下面以新建一个 save 文件并保存为例，说明保存文件的一般操作过程。

步骤 1：新建文件。选择快速访问工具栏中的 🗋 （或者选择下拉菜单"文件"→"新建"命令），系统会弹出"新建"对话框。

步骤 2：选择模型模板。在"新建"对话框的"模板"区域中选中"模型"。

步骤 3：设置名称与保存位置。在"新建"对话框"新文件名"区域的"名称"文本框中输入文件名称（例如 save），在"文件夹"文本框设置保存路径（例如 D:\UG12\work\ch02.05），单击"确定"按钮完成新建操作。

步骤 4：保存文件。选择快速访问工具栏中的 🖫 命令（或者选择下拉菜单"文件"→"保存"→"保存"命令），系统会自动将文件保存到步骤 3 设置好的文件夹中。

注意：在文件下拉菜单中有一个"另存为"命令，"保存"与"另存为"的区别主要在于：保存是保存当前文件，另存为可以将当前文件复制后进行保存，并且保存时可以调整文件名称，原始文件不受影响。

如果打开多个文件，并且进行了一定的修改，则可以通过"文件"→"保存"→"全部保存"命令快速地进行全部保存。

2.5.3　关闭文件

关闭文件主要有以下两种情况：

（1）关闭当前文件，可以选择下拉菜单"文件"→"关闭"→"保存并关闭"命令直接关闭文件。

（2）关闭所有文件，可以选择下拉菜单"文件"→"关闭"→"全部保存并关闭"命令即可保存并关闭全部打开的文件。

第 3 章

UG NX 二维草图设计

3.1 UG NX 二维草图设计概述

UG NX 零件设计是以特征为基础进行创建的，大部分零件的设计来源于二维草图。一般的设计思路为首先创建特征所需的二维草图，然后将此二维草图结合某个实体建模的功能将其转换为三维实体特征，多个实体特征依次堆叠得到零件，因此二维草图是零件建模中最基层也是最重要的部分，非常重要。掌握绘制二维草图的一般方法与技巧对于创建零件及提高零件设计效率都非常关键。

注意：二维草图的绘制必须选择一个草图基准面，也就是要确定草图在空间中的位置（打个比方：草图相当于所写的文字，我们都知道写字要有一张纸，要把字写在一张纸上，纸就是草图基准面，纸上写的字就是二维草图，并且一般我们写字时都要把纸铺平之后写，所以草图基准面需要是一个平的面）。草图基准面可以是系统默认的 3 个基准平面（XY 基准面、YZ 基准面和 ZX 基准面），也可以是现有模型的平面表面，还可以是我们自己创建的基准平面。

3min

3.2 进入与退出二维草图设计环境

1. 进入草图环境的操作方法

步骤 1：启动 UG NX 软件。

步骤 2：新建文件。选择"快速访问工具条"中的 ▯ 命令（或者选择下拉菜单"文件"→"新建"命令），系统会弹出"新建"对话框；在"新建"对话框中选择"模型"模板，采用系统默认的名称与保存路径，然后单击"确定"按钮进入零件建模环境。

步骤 3：选择命令。单击 主页 功能选项卡"直接草图"区域中的草图 ⊞ 按钮（或者选择下拉菜单"插入"→"在任务环境中绘制草图"命令），系统会弹出如图 3.1 所示的"创建草图"对话框。

步骤 4：选择草图平面。在绘图区选取"XY 平面"为草图平面，单击"创建草图"对话框中的"确定"按钮进入草图环境。

图 3.1　"创建草图"对话框

2. 退出草图环境的操作方法

在草图设计环境中单击 主页 功能选项卡"草图"区域中的完成 按钮（或者选择下拉菜单"任务"→"完成草图"命令）。

3.3　草绘前的基本设置

▷ 4min

进入草图设计环境后，选择下拉菜单"任务"→"草图设置"命令，系统会弹出"草图设置"对话框，在"活动草图"区域的"尺寸标签"下拉列表中选择"值"，取消选中"连续自动标注尺寸"，其他采用默认设置，单击"确定"按钮完成基本设置。

说明： 此设置方法只针对当前文件有效，如果想永久设置，则可通过以下操作进行：

选择下拉菜单"文件"→"实用工具"→"用户默认设置"命令，系统会弹出"用户默认设置"对话框，单击左侧的"草图"节点，在右侧"草图样式"功能选项卡"活动草图"区域的"设计应用程序中的尺寸标注"中选中"值"单选项；单击左侧的"自动判断尺寸和约束"节点，在右侧单击"尺寸"选项卡，取消选中"在设计应用程序中连续自动标注尺寸"。

3.4　UG NX 二维草图的绘制

3.4.1　直线的绘制

▷ 4min

步骤 1：进入草图环境。选择"快速访问工具条"中的 命令（或者选择下拉菜单"文件"→"新建"命令），系统会弹出"新建"对话框；在"新建"对话框中选择"模型"模板，采用系统默认的名称与保存路径，然后单击"确定"按钮进入零件建模环境；单击 主页 功能选项卡"直接草图"区域中的 按钮，系统会弹出"创建草图"对话框，在系统提示下，选取"XY 平面"作为草图平面，单击"确定"按钮进入草图环境。

说明：

（1）在绘制草图时，必须选择一个草图平面才可以进入草图环境进行草图的具体绘制。

（2）以后在绘制草图时，如果没有特殊说明，则在 XY 平面上进行草图绘制。

步骤 2：选择命令。单击 主页 功能选项卡"曲线"区域中的 ╱ 按钮，系统会弹出如图 3.2 所示的"直线"工具条。

说明：还可以通过选择下拉菜单"插入"→"曲线"→"直线"执行命令。

步骤 3：选取直线起点。在图形区任意位置单击，即可确定直线的起始点（单击位置就是起始点位置），此时可以在绘图区看到"橡皮筋"线附着在鼠标指针上，如图 3.3 所示。

图 3.2 "直线"工具条   图 3.3 直线绘制"橡皮筋"

步骤 4：选取直线终点。在图形区任意位置单击，即可确定直线的终点（单击位置就是终点位置），系统会自动在起点和终点之间绘制一条直线。

步骤 5：结束绘制。在键盘上按 Esc 键，结束直线的绘制。

3.4.2 矩形的绘制

7min

方法一：按 2 点

步骤 1：进入草图环境。单击 主页 功能选项卡"直接草图"区域中的 按钮，在系统提示下，选取"XY 平面"作为草图平面，单击"确定"按钮进入草图环境。

步骤 2：选择命令。单击 主页 功能选项卡"曲线"区域中的 按钮，系统会弹出"矩形"命令条。

步骤 3：定义矩形类型。在"矩形"命令条的"矩形方法"区域选中"按 2 点" 类型。

步骤 4：定义两点矩形的第 1 个角点。在图形区任意位置单击，即可确定两点矩形的第 1 个角点。

步骤 5：定义两点矩形的第 2 个角点。在图形区任意位置再次单击，即可确定两点矩形的第 2 个角点，此时系统会自动在两个角点间绘制并得到一个两点矩形。

步骤 6：结束绘制。在键盘上按 Esc 键，结束两点矩形绘制。

方法二：按 3 点

步骤 1：进入草图环境。单击 主页 功能选项卡"构造"区域中的 按钮，在系统提示下，选取"XY 平面"作为草图平面，单击"确定"按钮进入草图环境。

步骤 2：选择命令。单击 主页 功能选项卡"曲线"区域中的 按钮，系统会弹出"矩形"命令条。

步骤 3：定义矩形类型。在"矩形"命令条的"矩形方法"区域选中"按 3 点" 类型。

步骤 4：定义三点矩形的第 1 个角点。在图形区任意位置单击，即可确定三点矩形的第 1 个角点。

步骤 5：定义三点矩形的第 2 个角点。在图形区任意位置再次单击，即可确定三点矩形的第 2 个角点，此时系统会绘制出矩形的一条边线。

步骤 6：定义三点矩形的第 3 个角点。在图形区任意位置再次单击，即可确定三点矩形的第 3 个角点，此时系统会自动在 3 个角点间绘制并得到一个矩形。

步骤 7：结束绘制。在键盘上按 Esc 键，结束矩形的绘制。

方法三：从中心

步骤 1：进入草图环境。单击 主页 功能选项卡"直接草图"区域中的 按钮，在系统提示下，选取"XY 平面"作为草图平面，单击"确定"按钮进入草图环境。

步骤 2：选择命令。单击 主页 功能选项卡"曲线"区域中的 按钮，系统会弹出"矩形"命令条。

步骤 3：定义矩形类型。在"矩形"命令条的"矩形方法"区域选中"从中心" 类型。

步骤 4：定义中心矩形的中心。在图形区任意位置单击，即可确定中心矩形的中心点。

说明：当中心点是由任意单击确定的时，系统不会自动添加中点对齐的约束；当是通过捕捉现有点确定中点时，系统将自动添加中点对齐的几何约束。

步骤 5：定义矩形一根线的中点。在图形区任意位置再次单击，即可确定矩形一根线的中点。

说明：中心点与矩形一根线的中点的连线角度直接决定了中心矩形的角度。

步骤 6：定义矩形的一个角点。在图形区任意位置再次单击，即可确定中心矩形的第 1 个角点，此时系统会自动绘制并得到一个中心矩形。

步骤 7：结束绘制。在键盘上按 Esc 键，结束从中心矩形绘制。

3.4.3　圆的绘制

方法一：圆心直径方式

步骤 1：进入草图环境。单击 主页 功能选项卡"直接草图"区域中的 按钮，在系统提示下，选取"XY 平面"作为草图平面，单击"确定"按钮进入草图环境。

步骤 2：选择命令。单击 主页 功能选项卡"曲线"区域中的 ○ 按钮，系统会弹出"圆"命令条。

步骤 3：定义圆类型。在"圆"命令条的"圆方法"区域选中"圆心和直径定圆" 类型。

步骤 4：定义圆的圆心。在图形区任意位置单击，即可确定圆的圆心。

步骤 5：定义圆的圆上点。在图形区任意位置再次单击，即可确定圆的圆上点，此时系统会自动在两个点间绘制并得到一个圆。

步骤 6：结束绘制。在键盘上按 Esc 键，结束圆的绘制。

3min

方法二：三点定圆方式

步骤1：进入草图环境。单击 主页 功能选项卡"直接草图"区域中的 按钮，在系统提示下，选取"XY平面"作为草图平面，单击"确定"按钮进入草图环境。

步骤2：选择命令。单击 主页 功能选项卡"曲线"区域中的 ○ 按钮，系统会弹出"圆"命令条。

步骤3：定义圆类型。在"圆"命令条的"圆方法"区域选中"三点定圆" ○ 类型。

步骤4：定义圆上第1个点。在图形区任意位置单击，即可确定圆上的第1个点。

步骤5：定义圆上第2个点。在图形区任意位置再次单击，即可确定圆上的第2个点。

步骤6：定义圆上第3个点。在图形区任意位置再次单击，即可确定圆上的第3个点，此时系统会自动在3个点间绘制并得到一个圆。

步骤7：结束绘制。在键盘上按Esc键，结束圆的绘制。

3.4.4　圆弧的绘制

5min

方法一：中心端点方式

步骤1：进入草图环境。单击 主页 功能选项卡"直接草图"区域中的 按钮，在系统提示下，选取"XY平面"作为草图平面，单击"确定"按钮进入草图环境。

步骤2：选择命令。单击 主页 功能选项卡"曲线"区域中的 按钮，系统会弹出"圆弧"命令条。

步骤3：定义圆弧类型。在"圆弧"命令条的"圆弧方法"区域选中"中心和端点定圆弧" 类型。

步骤4：定义圆弧的圆心。在图形区任意位置单击，即可确定圆弧的圆心。

步骤5：定义圆弧的起点。在图形区任意位置再次单击，即可确定圆弧的起点。

步骤6：定义圆弧的终点。在图形区任意位置再次单击，即可确定圆弧的终点，此时系统会自动绘制并得到一个圆弧（鼠标移动的方向就是圆弧生成的方向）。

步骤7：结束绘制。在键盘上按Esc键，结束圆弧的绘制。

方法二：三点方式

步骤1：进入草图环境。单击 主页 功能选项卡"直接草图"区域中的 按钮，在系统提示下，选取"XY平面"作为草图平面，单击"确定"按钮进入草图环境。

步骤2：选择命令。单击 主页 功能选项卡"曲线"区域中的 按钮，系统会弹出"圆弧"命令条。

步骤3：定义圆弧类型。在"圆弧"命令条的"圆弧方法"区域选中"三点定圆弧" 类型。

步骤4：定义圆弧的第1个点。在图形区任意位置单击，即可确定圆弧的第1个点。

步骤5：定义圆弧的第2个点。在图形区任意位置再次单击，即可确定圆弧的第2个点。

步骤6：定义圆弧的第3个点。在图形区任意位置再次单击，即可确定圆弧的第3个点，此时系统会自动在3个点间绘制并得到一个圆弧。

说明：三点圆弧的顺序可以是起点、端点和圆弧上的点，也可以是起点、圆弧上的点和端点。

步骤 7：结束绘制。在键盘上按 Esc 键，结束圆弧的绘制。

3.4.5　轮廓的绘制

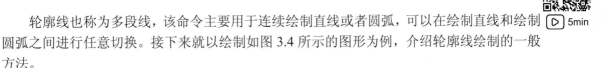

轮廓线也称为多段线，该命令主要用于连续绘制直线或者圆弧，可以在绘制直线和绘制圆弧之间进行任意切换。接下来就以绘制如图 3.4 所示的图形为例，介绍轮廓线绘制的一般方法。

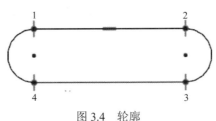

图 3.4　轮廓

步骤 1：进入草图环境。单击 主页 功能选项卡"直接草图"区域中的 按钮，在系统提示下，选取"XY 平面"作为草图平面，单击"确定"按钮进入草图环境。

步骤 2：选择命令。单击 主页 功能选项卡"曲线"区域中确认 按钮已被按下，绘图区会有"轮廓"命令条。

说明：默认情况下，进入草图环境后，系统会自动执行轮廓命令。

步骤 3：定义轮廓类型。在"轮廓"命令条的"对象方法"区域选中"直线"／类型。

步骤 4：绘制直线 1。在图形区任意位置单击（点 1），即可确定直线的起点；水平移动鼠标在合适位置单击便可确定直线的端点（点 2），此时完成第 1 段直线的绘制。

步骤 5：绘制圆弧 1。当直线端点出现一个"橡皮筋"时，将鼠标移动至直线的端点位置，按住鼠标左键拖动即可快速切换到圆弧,在合适的位置单击便可确定圆弧的端点(点 3)。

步骤 6：绘制直线 2。当圆弧端点出现一个"橡皮筋"时，水平移动鼠标，在合适位置单击即可确定直线的端点（点 4）。

步骤 7：绘制圆弧 2。当直线端点出现一个"橡皮筋"时，将鼠标移动至直线的端点位置，按住鼠标左键拖动即可快速切换到圆弧，在直线 1 的起点处单击便可确定圆弧的端点。

步骤 8：结束绘制。在键盘上按 Esc 键，结束图形的绘制。

3.4.6　多边形的绘制

方法一：外接圆正多边形

步骤 1：进入草图环境。单击 主页 功能选项卡"直接草图"区域中的 按钮，在系统提示下，选取"XY 平面"作为草图平面，单击"确定"按钮进入草图环境。

步骤2：选择命令。选择下拉菜单"插入"→"曲线"→"多边形"命令，系统会弹出"多边形"对话框。

步骤3：定义多边形的类型。在"多边形"对话框的"大小"下拉列表中选择"外接圆半径"类型。

步骤4：定义多边形的边数。在"多边形"对话框"边数"文本框中输入边数6。

步骤5：定义多边形的中心。在图形区任意位置单击，即可确定多边形的中心点。

步骤6：定义多边形的角点。在图形区任意位置再次单击（例如点 B），即可确定多边形的角点，此时系统会自动在两个点间绘制并得到一个正六边形。

步骤7：结束绘制。在键盘上按 Esc 键，结束多边形的绘制，如图3.5 所示。

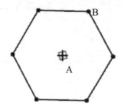

图 3.5　外接圆正多边形

方法二：内切圆正多边形

步骤1：进入草图环境。单击 主页 功能选项卡"直接草图"区域中的 按钮，在系统提示下，选取"XY 平面"作为草图平面，单击"确定"按钮进入草图环境。

步骤2：选择命令。选择下拉菜单"插入"→"曲线"→"多边形"命令，系统会弹出"多边形"对话框。

步骤3：定义多边形的类型。在"多边形"对话框的"大小"下拉列表中选择"内切圆半径"类型。

步骤4：定义多边形的边数。在"多边形"对话框"边数"文本框中输入边数6。

步骤5：定义多边形的中心。在图形区任意位置单击，即可确定多边形的中心点。

步骤6：定义多边形的控制点。在图形区任意位置再次单击（例如点 B），即可确定多边形的角点，此时系统会自动在两个点间绘制并得到一个正六边形。

步骤7：结束绘制。在键盘上按 Esc 键，结束多边形的绘制，如图3.6 所示。

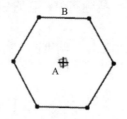

图 3.6　内切圆正多边形

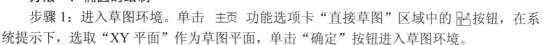

3.4.7 椭圆与椭圆弧的绘制

方法一：椭圆的绘制

步骤 1：进入草图环境。单击 主页 功能选项卡"直接草图"区域中的 按钮，在系统提示下，选取"XY 平面"作为草图平面，单击"确定"按钮进入草图环境。

步骤 2：选择命令。选择下拉菜单"插入"→"曲线"→"椭圆"命令，系统会弹出"椭圆"对话框。

步骤 3：定义椭圆长半轴长度。在"椭圆"对话框的"大半径"文本框输入长半轴长度 50。

步骤 4：定义椭圆短半轴长度。在"椭圆"对话框的"小半径"文本框输入短半轴长度 25。

步骤 5：定义椭圆的角度。单击"椭圆"对话框中的"角度"文本框输入角度值 0。

步骤 6：定义椭圆的圆心。在图形区任意位置单击，即可确定椭圆的圆心。

步骤 7：结束绘制。单击"椭圆"对话框中的"确定"按钮，结束椭圆的绘制。

方法二：椭圆弧（部分椭圆）的绘制

步骤 1：进入草图环境。单击 主页 功能选项卡"直接草图"区域中的 按钮，在系统提示下，选取"XY 平面"作为草图平面，单击"确定"按钮进入草图环境。

步骤 2：选择命令。选择下拉菜单"插入"→"曲线"→"椭圆"命令，系统会弹出"椭圆"对话框。

步骤 3：定义椭圆长半轴长度。在"椭圆"对话框的"大半径"文本框输入长半轴长度 50。

步骤 4：定义椭圆短半轴长度。在"椭圆"对话框的"小半径"文本框输入短半轴长度 25。

步骤 5：定义椭圆的角度。单击"椭圆"对话框中的"角度"文本框输入角度值 0。

步骤 6：定义椭圆的起始和终止角度。在"椭圆"对话框的"限制"区域中取消选中"封闭"，然后在"起始角"文本框输入起始角度 20，在"终止角"文本框输入终止角度 130，如图 3.7 所示。

说明：通过单击"限制"区域中的"补充" 按钮，就可以快速得到椭圆的补弧，如图 3.8 所示。

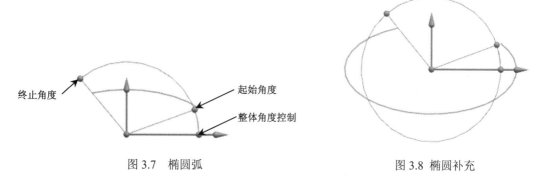

图 3.7　椭圆弧　　　　　　　图 3.8　椭圆补充

步骤 7：定义椭圆的圆心。在图形区任意位置单击，即可确定椭圆的圆心。

4min

步骤 8：结束绘制。单击"椭圆"对话框中的"确定"按钮，结束椭圆的绘制。

3.4.8　艺术样条的绘制

艺术样条是通过任意多个位置点（至少两个点）的平滑曲线，艺术样条主要用来帮助用户得到各种复杂的曲面造型，因此在进行曲面设计时会经常使用。

下面以绘制如图 3.9 所示的艺术样条为例，说明绘制通过点艺术样条的一般操作过程。

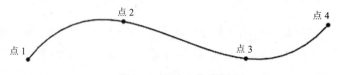

图 3.9　通过点艺术样条

步骤 1：进入草图环境。单击 主页 功能选项卡"直接草图"区域中的 ⊞ 按钮，在系统提示下，选取"XY 平面"作为草图平面，单击"确定"按钮进入草图环境。

步骤 2：选择命令。单击 主页 功能选项卡"曲线"区域中的 ⁀艺术样条 按钮，系统会弹出"艺术样条"对话框。

步骤 3：定义类型。在"艺术样条"对话框"类型"下拉列表选择"通过点"。

步骤 4：定义参数。在"艺术样条"对话框"参数化"区域的"次数"文本框中输入 3。

步骤 5：定义艺术样条的第一定位点。在图形区点 1（如图 3.9 所示）位置单击，即可确定艺术样条的第一定位点。

步骤 6：定义艺术样条的第二定位点。在图形区点 2（如图 3.9 所示）位置再次单击，即可确定艺术样条的第二定位点。

步骤 7：定义艺术样条的第三定位点。在图形区点 3（如图 3.9 所示）位置再次单击，即可确定艺术样条的第三定位点。

步骤 8：定义艺术样条的第四定位点。在图形区点 4（如图 3.9 所示）位置再次单击，即可确定艺术样条的第四定位点。

说明：通过点类型的艺术样条的通过点需要大于次数值，否则系统会自动将艺术样条改为根据极点类型的艺术样条。

步骤 9：结束绘制。单击"艺术样条"对话框中的"确定"按钮，结束艺术样条的绘制。

3.4.9　二次曲线的绘制

3min

二次曲线主要用来绘制椭圆弧、抛物线及双曲线。

步骤 1：进入草图环境。单击 主页 功能选项卡"直接草图"区域中的 ⊞ 按钮，在系统提示下，选取"XY 平面"作为草图平面，单击"确定"按钮进入草图环境。

步骤 2：选择命令。选择下拉菜单"插入"→"曲线"→"二次曲线"命令，系统会弹出"二次曲线"对话框。

步骤 3：设置 Rho 值。在"二次曲线"对话框中的"值"文本框输入 0.3。

说明：Rho 值只可以在 0~1 变化，值越小曲线越平坦；当值小于 0.5 时将绘制椭圆弧，当值等于 0.5 时将绘制抛物线，当值大于 0.5 时将绘制双曲线。

步骤 4：定义二次曲线的起点限制。在图形区起始限制（如图 3.10 所示）位置单击，即可确定二次曲线的起点。

步骤 5：定义二次曲线的终点限制。在图形区终点限制（如图 3.10 所示）位置单击，即可确定二次曲线的终点。

步骤 6：定义二次曲线的控制点。在图形区控制点（如图 3.10 所示）位置单击，即可确定二次曲线的控制点。

步骤 7：结束绘制。单击"二次曲线"对话框中的"确定"按钮，结束椭圆弧的绘制。

图 3.10　起始终止控制点

3.4.10　点的绘制

点是最小的几何单元，由点可以帮助我们绘制线对象、圆弧对象等。点的绘制在 UG NX 中也比较简单；在零件设计、曲面设计时点都有很大的作用。

步骤 1：进入草图环境。单击 主页 功能选项卡"直接草图"区域中的 按钮，在系统提示下，选取"XY 平面"作为草图平面，单击"确定"按钮进入草图环境。

步骤 2：选择命令。单击 主页 功能选项卡"曲线"区域中的 十 "点"按钮，系统会弹出"点"对话框。

步骤 3：定义点的位置。在绘图区域中的合适位置单击就可以放置点，如果想继续放置点，则可以继续单击。

步骤 4：结束绘制。在键盘上按 Esc 键，结束点的绘制。

3.5　UG NX 二维草图的编辑

对于比较简单的草图，在具体绘制时，对各个图元可以确定好。但是，不是每个图元都可以一步到位地绘制好，在绘制完成后还要对其进行必要的修剪或复制才能完成，这就是草图的编辑。在绘制草图时，如果绘制的速度较快，则经常会出现绘制的图元形状和位置不符合要求的情况，这时就需要对草图进行编辑。草图的编辑包括操纵移动图元、镜像、修剪图元等，可以通过这些操作将一个很粗略的草图调整到很规整的状态。

▶ 10min

3.5.1　操纵曲线

图元的操纵主要用来调整现有对象的大小和位置。在 UG NX 中不同图元的操纵方法是不一样的，接下来就对常用的几类图元的操纵方法进行具体介绍。

1. 直线的操纵

整体移动直线位置：在图形区，把鼠标移动到直线上，按住左键不放，同时移动鼠标，此时直线将随着鼠标指针一起移动，达到绘图意图后松开鼠标左键即可。

注意：直线移动的方向为鼠标移动的方向。

调整直线的大小：在图形区，把鼠标移动到直线端点上，按住左键不放，同时移动鼠标，此时会看到直线会以另外一个点为固定点伸缩或转动直线，达到绘图意图后松开鼠标左键即可。

2. 圆的操纵

整体移动圆位置：在图形区，把鼠标移动到圆心上，按住左键不放，同时移动鼠标，此时圆将随着鼠标指针一起移动，达到绘图意图后松开鼠标左键即可。

调整圆的大小：在图形区，把鼠标移动到圆上，按住左键不放，同时移动鼠标，此时会看到圆随着鼠标的移动而变大或变小，达到绘图意图后松开鼠标左键即可。

3. 圆弧的操纵

整体移动圆弧位置（方法一）：在图形区，把鼠标移动到圆弧圆心上，按住左键不放，同时移动鼠标，此时圆弧将随着鼠标指针一起移动，达到绘图意图后松开鼠标左键即可。

整体移动圆弧位置（方法二）：在图形区，首先选中要移动的圆弧，然后把鼠标移动到圆弧上，按住左键不放，同时移动鼠标，达到绘图意图后松开鼠标左键即可。

调整圆弧的大小：在图形区，把鼠标移动到圆弧的某个端点上，按住左键不放，同时移动鼠标，此时会看到圆弧会以另一端为固定点旋转，并且圆弧的夹角也会变化，达到绘图意图后松开鼠标左键即可。

注意：由于在调整圆弧大小时，圆弧圆心位置也会变化，为了更好地控制圆弧位置，建议读者先调整好大小再调整位置。

4. 矩形的操纵

整体移动矩形位置：在图形区，通过框选的方式选中整个矩形，然后将鼠标移动到矩形的任意一条边线上，按住左键不放，同时移动鼠标，此时矩形将随着鼠标指针一起移动，达到绘图意图后松开鼠标左键即可。

调整矩形的大小：在图形区，把鼠标移动到矩形的水平边线上，按住左键不放，同时移动鼠标，此时会看到矩形的宽度会随着鼠标的移动而变大或变小；在图形区，把鼠标移动到矩形的竖直边线上，按住左键不放，同时移动鼠标，此时会看到矩形的长度会随着鼠标的移动而变大或变小；在图形区，把鼠标移动到矩形的角点上，按住左键不放，同时移动鼠标，此时会看到矩形的长度与宽度会随着鼠标的移动而变大或变小，达到绘图意图后松开鼠标左键即可。

5. 艺术样条的操纵

整体移动艺术样条位置：在图形区，把鼠标移动到艺术样条上，按住左键不放，同时移动鼠标，此时艺术样条将随着鼠标指针一起移动，达到绘图意图后松开鼠标左键即可。

调整艺术样条的形状及大小：在图形区，把鼠标移动到艺术样条的中间控制点上，按住左键不放，同时移动鼠标，此时会看到艺术样条的形状会随着鼠标的移动而不断变化；在图形区，把鼠标移动到艺术样条的某个端点上，按住左键不放，同时移动鼠标，此时艺术样条的另一个端点和中间点固定不变，其形状会随着鼠标移动而变化，达到绘图意图后松开鼠标左键即可。

3.5.2　移动曲线

移动曲线主要用来调整现有对象的整体位置。下面以如图 3.11 所示的圆弧为例，介绍 ▶ 3min 移动曲线的一般操作过程。

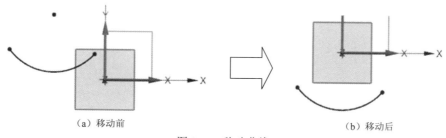

（a）移动前　　　　　　　　　　　　　　（b）移动后

图 3.11　移动曲线

步骤 1：打开文件 D:\UG12\work\ch03.05\移动曲线-ex。

步骤 2：进入草图环境。在部件导航器中右击 ☑品 草图 (1)，选择 可回滚编辑... 命令，此时系统会进入草图环境。

说明：读者可以在部件导航器中右击 ☑品 草图 (1)，选择 品 编辑(E)... 命令，这样也可以进入草图环境。

步骤 3：选择命令。选择下拉菜单"编辑"→"曲线"→"移动曲线"命令，系统会弹出"移动曲线"对话框。

步骤 4：选取移动对象。在绘图区选取圆弧作为要移动的对象。

步骤 5：定义移动参数。在"移动曲线"对话框"变换"区域中的"运动"下拉列表中选择"点到点"，激活"指定出发点"，选取如图 3.12 所示的点 1（圆弧圆心）作为移动参考点，选取原点作为目标点。

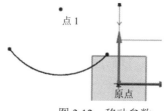

点 1

原点

图 3.12　移动参数

3min

步骤6：在"移动曲线"对话框单击"确定"按钮完成移动曲线的操作。

3.5.3 修剪曲线

修剪曲线主要用来修剪掉图元对象中不需要的部分，也可以删除图元对象。下面以图 3.13 为例，介绍修剪曲线的一般操作过程。

步骤1：打开文件 D:\UG12\work\ch03.05\修剪曲线-ex。

步骤2：进入草图环境。在部件导航器中右击 ☑品 草图 (1)，选择 🔁 可回滚编辑... 命令，此时系统会进入草图环境。

步骤3：选择命令。单击 主页 功能选项卡"曲线"区域中的 ↘ "快速修剪"按钮，系统会弹出"快速修剪"对话框。

步骤4：在系统提示"选择要修剪的曲线"的提示下，拖动鼠标左键绘制如图 3.14 所示的轨迹，与该轨迹相交的草图图元将被修剪，结果如图 3.13（b）所示。

步骤5：在"快速裁剪"对话框中单击"关闭"按钮，完成操作。

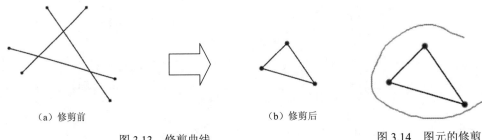

| （a）修剪前 | | （b）修剪后 | |

图 3.13　修剪曲线　　　　　　　　　　　图 3.14　图元的修剪

4min

3.5.4 延伸曲线

延伸曲线主要用来延伸图元对象。下面以图 3.15 为例，介绍延伸曲线的一般操作过程。

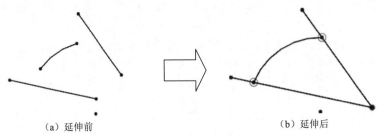

（a）延伸前　　　　　　　　　　　　　（b）延伸后

图 3.15　延伸曲线

步骤1：打开文件 D:\UG12\work\ch03.05\延伸曲线-ex。

步骤2：进入草图环境。在部件导航器中右击 ☑品 草图 (1)，选择 🔁 可回滚编辑... 命令，此时系统会进入草图环境。

步骤3：选择命令。单击 主页 功能选项卡"曲线"区域中的 "快速延伸"按钮，系统会弹出"快速延伸"对话框。

步骤4：定义要延伸的草图图元。在绘图区靠近圆弧右侧选取圆弧，圆弧将自动延伸至右侧直线上，在绘图区靠近圆弧左侧选取圆弧，圆弧将自动延伸至左侧直线上，如图 3.16所示。

步骤5：手动定义延伸的边界。在"快速延伸"对话框中激活"边界曲线"区域下的"选择曲线"，选取如图3.16所示的直线1作为边界曲线。

步骤6：定义要延伸的草图图元。在"快速延伸"对话框中激活"要延伸的曲线"区域下的"选择曲线"，在绘图区选取如图3.16所示的直线2，系统会自动延伸到边界直线上，如图3.17所示，单击"关闭"按钮完成初步延伸。

步骤7：选择命令。单击 主页 功能选项卡"曲线"区域中的 "快速延伸"按钮，系统会弹出"快速延伸"对话框。

图 3.16 延伸圆弧   图 3.17 延伸直线

步骤8：定义要延伸的草图图元。在绘图区单击如图3.16所示的直线1，系统会自动将直线延伸到最近的边界上。

步骤9：结束操作。单击"快速延伸"对话框中的"关闭"按钮完成操作，效果如图3.17所示。

3.5.5 制作拐角

制作拐角命令可通过将两条输入曲线延伸或修剪到一个公共交点来创建拐角。下面以图3.18为例，介绍制作拐角的一般操作过程。

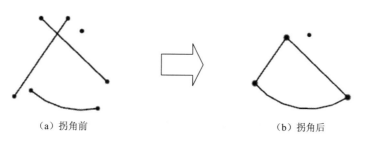

(a) 拐角前   (b) 拐角后

图 3.18 制作拐角

步骤 1：打开文件 D:\UG12\work\ch03.05\制作拐角-ex。

步骤 2：进入草图环境。在部件导航器中右击 ☑品草图(1)，选择 🕙 可回滚编辑... 命令，此时系统会进入草图环境。

步骤 3：选择命令。单击 主页 功能选项卡"曲线"区域中的 ✈ 制作拐角 按钮，系统会弹出"制作拐角"对话框。

步骤 4：定义制作拐角的对象。在绘图区分别在如图 3.19 所示的位置 1 与位置 2 选取两条直线，此时系统将自动保留单击所在的侧，效果如图 3.20 所示。

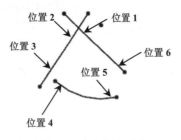

图 3.19　定义拐角对象

图 3.20　拐角 1

步骤 5：在绘图区分别在如图 3.19 所示的位置 3 与位置 4 选取直线与圆弧，此时系统将自动保留单击所在的侧，效果如图 3.21 所示。

步骤 6：在绘图区分别在如图 3.19 所示的位置 5 与位置 6 选取圆弧与直线，此时系统将自动保留单击所在的侧，效果如图 3.22 所示。

图 3.21　拐角 2

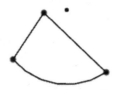

图 3.22　拐角 3

步骤 7：结束操作。单击"制作拐角"对话框中的"关闭"按钮，效果如图 3.18（b）所示。

3.5.6　镜像曲线

镜像曲线主要用来将所选择的源对象相对于某个镜像中心线进行对称复制，从而可以得到源对象的一个副本，这就是镜像曲线。下面以图 3.23 为例，介绍镜像曲线的一般操作过程。

步骤 1：打开文件 D:\UG12\work\ch03.05\镜像曲线-ex。

步骤 2：进入草图环境。在部件导航器中右击 ☑品草图(1)，选择 🕙 可回滚编辑... 命令，此时系统会进入草图环境。

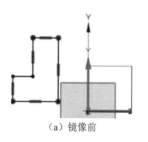

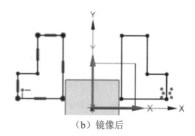

（a）镜像前　　　　　　　　　　　　　　　（b）镜像后

图 3.23　镜像曲线

步骤 3：选择命令。单击 主页 功能选项卡"曲线"区域中的 镜像曲线 按钮，系统会弹出"镜像曲线"对话框。

步骤 4：定义要镜像的草图图元。在系统"选择要镜像的曲线"的提示下，在图形区框选要镜像的草图图元，如图 3.23（a）所示。

步骤 5：定义镜像中心线。在"镜像曲线"对话框中单击激活"中心线"区域的"选择中心线"，然后在系统"选择中心线"的提示下，选取"Y轴"作为镜像中心线。

步骤 6：结束操作。单击"镜像曲线"对话框中的"确定"按钮，完成镜像操作，效果如图 3.23（b）所示。

说明：由于图元镜像后的副本与源对象之间是一种对称的关系，因此在具体绘制一些对称的图形时，就可以采用先绘制一半，然后通过镜像复制的方式快速得到另外一半，进而提高实际绘图效率。

3.5.7　阵列曲线

阵列曲线主要用来将所选择的源对象进行规律性复制，从而得到源对象的多个副本。在 UG NX 中，软件主要向用户提供了 3 种阵列方法，第 1 种是线性阵列，第 2 种是圆形阵列，第 3 种是常规阵列，这里主要介绍比较常用的两种类型。

1. 线性阵列

下面以图 3.24 为例，介绍线性阵列的一般操作过程。

步骤 1：打开文件 D:\UG12\work\ch03.05\线性阵列-ex。

步骤 2：进入草图环境。在部件导航器中右击 草图 (1)，选择 可回滚编辑... 命令，此时系统会进入草图环境。

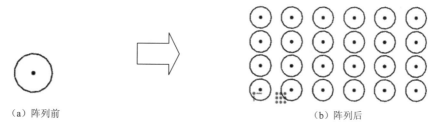

（a）阵列前　　　　　　　　　　　　　　　　（b）阵列后

图 3.24　线性阵列

步骤 3：选择命令。单击 主页 功能选项卡"曲线"区域中的 🎜 阵列曲线 按钮，系统会弹出"阵列曲线"对话框。

步骤 4：定义阵列类型。在"阵列曲线"对话框的"布局"下拉列表中选择"线性"。

步骤 5：定义要阵列的曲线。在"阵列曲线"对话框中激活"要阵列的曲线"区域，选取如图 3.24（a）所示的圆作为阵列曲线。

步骤 6：定义方向 1 阵列参数。在"阵列曲线"对话框的 方向1 区域中激活"选择线性对象"，选取"X轴"作为方向 1 参考，在"间距"下拉列表中选择"数量和间隔"，在"数量"文本框输入 6，在"间隔"文本框输入 40。

步骤 7：定义方向 2 阵列参数。选中 方向2 区域中的 ☑ 使用方向2 复选框，然后激活"选择线性对象"，选取"Y轴"作为方向 2 参考，在"间距"下拉列表中选择"数量和间隔"，在"数量"文本框输入 4，在"间隔"文本框输入 30。

步骤 8：结束操作。单击"阵列曲线"对话框中的"确定"按钮，完成线性阵列操作，效果如图 3.24（b）所示。

2. 圆形阵列

下面以图 3.25 为例，介绍圆形阵列的一般操作过程。

（a）阵列前　　　　　　　　　　　　　　　　　（b）阵列后

图 3.25　圆形阵列

步骤 1：打开文件 D:\UG12\work\ch03.05\圆形阵列-ex。

步骤 2：进入草图环境。在部件导航器中右击 ☑🗒 草图 (1)，选择 ⏏ 可回滚编辑... 命令，此时系统会进入草图环境。

步骤 3：选择命令。单击 主页 功能选项卡"曲线"区域中的 🎜 阵列曲线 按钮，系统会弹出"阵列曲线"对话框。

步骤 4：定义要阵列的曲线。在"阵列曲线"对话框中激活"要阵列的曲线"区域，选取如图 3.25（a）所示的箭头作为阵列曲线。

步骤 5：定义阵列类型。在"阵列曲线"对话框的"布局"下拉列表中选择"圆形"。

步骤 6：定义阵列参数。在"阵列曲线"对话框的 旋转点 区域中激活"指定点"，选取"原点"作为阵列中心，在"斜角方向"区域的"间距"下拉列表中选择"数量和跨距"，在"数量"文本框中输入 6，在"跨角"文本框中输入 360。

步骤 7：结束操作。单击"阵列曲线"对话框中的"确定"按钮，完成圆形阵列操作，效果如图 3.25（b）所示。

3.5.8　偏置曲线

　　偏置曲线主要用来将所选择的源对象沿着某个方向移动一定的距离，从而得到源对象的 ▷ 5min
一个副本，这就是偏置曲线。下面以图 3.26 为例，介绍偏置曲线的一般操作过程。

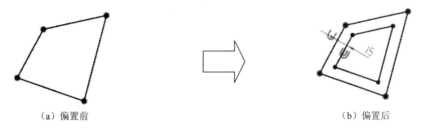

（a）偏置前　　　　　　　　　　　　　　　　　（b）偏置后

图 3.26　偏置曲线

　　步骤 1：打开文件 D:\UG12\work\ch03.05\偏置曲线-ex。

　　步骤 2：进入草图环境。在部件导航器中右击 ☑品草图 (1)，选择 ⚙ 可回滚编辑... 命令，此时系统会进入草图环境。

　　步骤 3：选择命令。单击 主页 功能选项卡"曲线"区域中的 偏置曲线 按钮，系统会弹出如图 3.27 所示的"偏置曲线"对话框。

图 3.27　"偏置曲线"对话框

　　步骤 4：定义要偏置的曲线。在系统"选择曲线"的提示下，在图形区选取要偏置的曲线，如图 3.26（a）所示。

说明：选取对象前可以将选择过滤器设置为"相连曲线"，然后选取对象中的任意一条直线即可。

步骤 5：定义偏置的距离。在"偏置曲线"对话框中的"距离"文本框中输入数值 15。

步骤 6：定义偏置的方向。在"偏置曲线"对话框中"偏置"区域单击 ⊠ 按钮，将方向调整到如图 3.28 所示的内方向。

图 3.28 偏置方向

步骤 7：结束操作。单击"偏置曲线"对话框中的"确定"按钮，完成偏置操作，效果如图 3.26（b）所示。

在如图 3.27 所示的"偏置曲线"对话框中各选项的说明如下。

（1） 要偏置的曲线 区域：用于定义要偏置的曲线。

（2） 距离 文本框：用于设置偏置的距离，如图 3.29 所示。

（a）距离为 15　　　　　　　　　　　　（b）距离为 30

图 3.29 偏置距离

（3） ⊠ 按钮：用于调整等距的方向，如图 3.30 所示。

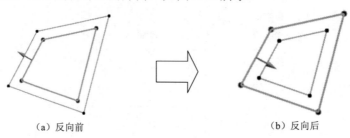

（a）反向前　　　　　　　　　　　　（b）反向后

图 3.30 反向按钮

（4） ☑ 创建尺寸 复选框：用于在完成偏置后同时添加尺寸约束，如图 3.31 所示。

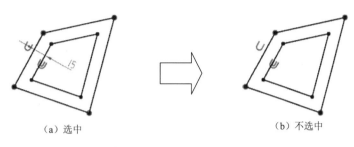

（a）选中　　　　　　　　　　　　　（b）不选中

图 3.31　创建尺寸

（5）**端盖选项** 下拉列表：有延伸端盖和圆弧帽形体两个顶盖类型，当选择"延伸端盖"选项时，向外偏置，偏置后的对象拐角处为尖端；在选择"圆弧帽形体"时，偏置后的对象拐角处为圆弧过渡，如图 3.32 所示。

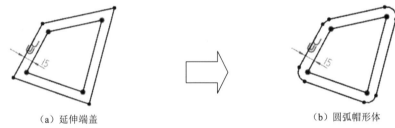

（a）延伸端盖　　　　　　　　　　　（b）圆弧帽形体

图 3.32　端盖选项

3.5.9　派生直线

派生直线主要用来快速创建与现有直线相平行的直线，也可以在两条平行的直线之间创建出一条中间的直线，还可以在两条成一定角度的直线之间创建出一条角平分的直线。下面以图 3.33 为例，介绍派生直线的一般操作过程。

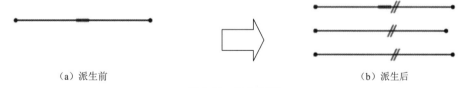

（a）派生前　　　　　　　　　　　　（b）派生后

图 3.33　派生直线

步骤 1：打开文件 D:\UG12\work\ch03.05\派生直线-ex。

步骤 2：进入草图环境。在部件导航器中右击 ☑品 **草图 (1)**，选择 ⑨ **可回滚编辑...** 命令，此时系统会进入草图环境。

步骤 3：选择命令。选择下拉菜单"插入"→"来自曲线集的曲线"→"派生直线"命令。

步骤 4：选择参考直线。在系统"选择参考直线"的提示下选取如图 3.33（a）所示的直线。

步骤 5：放置直线。在原始直线下方偏置为 40 的位置单击放置直线，如图 3.34 所示，按 Esc 键结束。

说明：鼠标单击的位置直接决定派生的方向和位置，读者可以连续单击创建多条平行的直线。

步骤 6：选择参考直线。在系统"选择参考直线"的提示下选取如图 3.34 所示的两条直线。

步骤 7：定义中线长度。在合适位置单击即可确定中线长度，如图 3.35 所示，按 Esc 键结束，效果如图 3.33（b）所示。

图 3.34　放置直线　　　　　　　图 3.35　定义中线长度

说明：选取第 2 条直线的位置决定了中线的起始，中线的长度可以单击确定，也可以在长度文本框直接输入。选取的两条直线也可以成一定角度，此时将在两条线的交点处创建出一条角平分的直线，如图 3.36 所示。

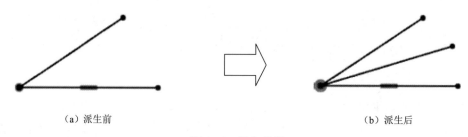

（a）派生前　　　　　　　　　　　　　　（b）派生后

图 3.36　派生直线

3.5.10　缩放曲线

缩放曲线主要用来调整曲线的真实大小，下面以图 3.37 为例，介绍缩放曲线的一般操作过程。

步骤 1：打开文件 D:\UG12\work\ch03.05\缩放曲线-ex。

（a）缩放前　　　　　　　　　　　　　　（b）缩放后

图 3.37　缩放曲线

步骤 2：进入草图环境。在部件导航器中右击 ☑뮮 草图 (1)，选择 🔁 可回滚编辑... 命令，此时系统会进入草图环境。

步骤 3：选择命令。选择下拉菜单"编辑"→"曲线"→"缩放曲线"命令，系统会弹出"缩放曲线"对话框。

步骤 4：定义要缩放的曲线。在系统"选择要缩放的曲线"的提示下，选取如图 3.37（a）所示的圆。

步骤 5：定义缩放参数。在"缩放曲线"对话框"比例"区域的"方法"下拉列表中选择"动态"，在"缩放"下拉列表中选择"%比例因子"，在"比例因子"文本框输入 0.5。

步骤 6：结束操作。单击"缩放曲线"对话框中的"确定"按钮，完成缩放操作，效果如图 3.37（b）所示。

3.5.11　倒角

下面以图 3.38 为例，介绍倒角的一般操作过程。

步骤 1：打开文件 D:\UG12\work\ch03.05\倒角-ex。

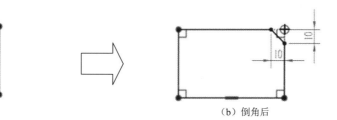

（a）倒角前　　　　　　　　　　　　　　　　（b）倒角后

图 3.38　倒角

步骤 2：进入草图环境。在部件导航器中右击 ☑뮮 草图 (1)，选择 🔁 可回滚编辑... 命令，此时系统会进入草图环境。

步骤 3：选择命令。单击 主页 功能选项卡"曲线"区域中的 🔲 倒斜角 按钮，系统会弹出如图 3.39 所示的"倒斜角"对话框。

步骤 4：定义倒角对象。选取矩形的右上角点作为倒角对象（对象选取时还可以选取矩形的上方边线和右侧边线）。

步骤 5：定义倒角参数。在"倒斜角"对话框"偏置"区域的"倒斜角"下拉列表中选择"对称"类型，然后在"距离"文本框中输入 10，按 Enter 键确认。

步骤 6：结束操作。单击"倒斜角"对话框中的"关闭"按钮，完成倒角操作，效果如图 3.38（b）所示。

在如图 3.39 所示的"倒斜角"对话框中部分选项的说明如下。

（1）"对称"类型：用于通过控制两个相等的距离控制倒角的大小。

（2）"非对称"类型：用于通过两个不同的距离控制倒角的大小。

（3）"偏置和角度"类型：用于通过距离和角度控制倒角的大小。

图 3.39　"倒斜角"对话框

▷ 4min

3.5.12　圆角

下面以图 3.40 为例，介绍圆角的一般操作过程。

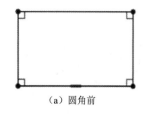

（a）圆角前

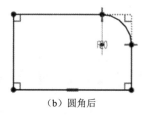

（b）圆角后

图 3.40　圆角

步骤 1：打开文件 D:\UG12\work\ch03.05\圆角-ex。

步骤 2：进入草图环境。在部件导航器中右击 ☑品草图 (1)，选择 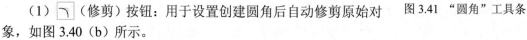 命令，此时系统会进入草图环境。

步骤 3：选择命令。单击 主页 功能选项卡"曲线"区域中的 ⌐角焊 按钮，系统会弹出如图 3.41 所示的"圆角"工具条。

在如图 3.41 所示的"圆角"工具条中各选项的说明如下。

（1）⌐（修剪）按钮：用于设置创建圆角后自动修剪原始对象，如图 3.40（b）所示。

图 3.41　"圆角"工具条

（2）⌐（不修剪）按钮：用于设置创建圆角后不修剪原始对象，如图 3.42 所示。

（3）⌐✗（删除第 3 条曲线）按钮：用于在 3 个对象间创建完全圆角，如图 3.43 所示。

（4）◌（创建备选圆角）按钮：用于创建备选圆角。

步骤 4：定义圆角对象。选取矩形的右上角点作为倒角对象（对象选取时还可以选取矩形的上方边线和右侧边线）。

步骤 5：定义圆角参数。在绘图区"半径"文本框输入 20，按 Enter 键确认。

步骤 6：结束操作。按 Esc 键，完成圆角操作，效果如图 3.40（b）所示。

图 3.42　不修剪类型

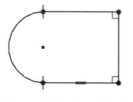

图 3.43　删除第 3 条曲线

3.5.13　删除曲线

删除曲线的一般操作过程如下。

步骤 1：在图形区选中要删除的草图图元。

步骤 2：按键盘上的 Del 键，所选图元即可被删除。

删除曲线的另外两种方法：①选中要删除的对象，在系统弹出的如图 3.44 所示的工具条中选择 ✕ "删除"命令即可；②选中对象后按下快捷键 Ctrl+D 也可以快速删除。

图 3.44　快捷工具条

3.6　UG NX 二维草图的几何约束

3.6.1　几何约束概述

根据实际设计的要求，一般情况下，当用户将草图的形状绘制出来之后，一般会根据实际要求增加一些如平行、相切、相等和共线等约束来帮助进行草图定位。我们把这些定义图元和图元之间几何关系的约束叫作草图几何约束。在 UG NX 中可以很容易地添加这些约束。

3.6.2　几何约束的种类

在 UG NX 中可以支持的几何约束类型包含重合、点在线上、相切、平行、垂直、水平、竖直、两点水平、两点竖直、中点、共线、同心、等长、等半径及对称。

3.6.3　几何约束的显示与隐藏

在　主页　功能选项卡的"约束"区域中单击"显示草图约束"下的　　▼　按钮，在系统弹出的快捷菜单中，如果　显示草图约束　处于按下状态，则说明几何约束是显示的；如果　显示草图约束　处于弹起状态，则说明几何约束是隐藏的。

3.6.4 几何约束的自动添加

1. 基本设置

在 主页 功能选项卡的"约束"区域中单击"显示草图约束"下的 [　▼　] 按钮,在系统弹出的快捷菜单中确认  创建自动判断约束 处于按下状态。

2. 一般操作过程

下面以绘制一条水平的直线为例,介绍自动添加几何约束的一般操作过程。

步骤1:选择命令。单击 主页 功能选项卡"曲线"区域中的 ∕ 按钮,系统会弹出"直线"工具条。

步骤2:在绘图区域中单击,以便确定直线的第1个端点,然后水平移动鼠标,此时在鼠标右上角可以看到 ➡ 符号,代表此线是一条水平线,此时单击鼠标就可以确定直线的第2个端点,完成直线的绘制。

步骤3:在绘制完的直线上有 ━ 的几何约束符号就代表几何约束已经添加成功了,如图3.45所示。

图 3.45　几何约束的自动添加框

3.6.5 几何约束的手动添加

在 UG NX 中手动添加几何约束的方法一般先选择"几何约束"命令,然后选择一个合适的几何约束类型,最后根据所选类型选取要添加约束的对象即可。下面以添加一个重合和相切约束为例,介绍手动添加几何约束的一般操作过程。

步骤1:打开文件 D:\UG12\work\ch03.06\几何约束-ex。

步骤2:进入草图环境。在部件导航器中右击 ☑品 草图 (1),选择 ⚙ 可回滚编辑... 命令,此时系统会进入草图环境。

步骤3:选择命令。单击 主页 功能选项卡"约束"区域中的"几何约束"∥⊥ 按钮,系统会弹出"几何约束"对话框。

步骤4:选择几何约束类型。在"几何约束"对话框的"约束"区域中选中 ∕ "重合"类型。

步骤5:定义约束对象。在绘图区选取如图3.46所示的"点1"作为要约束的对象,按中键确认,选取"点2"作为要约束到的对象,完成后如图3.47所示。

步骤6:选择几何约束类型。在"几何约束"对话框的"约束"区域中选中 ♂ "相切"类型。

步骤7:定义约束对象。在绘图区选取如图3.46所示的直线作为要约束的对象,按中键确认,选取圆弧作为要约束到的对象,完成后如图3.48所示。

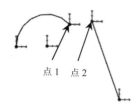
图 3.46　定义约束对象

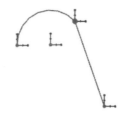
图 3.47　重合约束

图 3.48　相切约束

步骤8：完成添加。单击"几何约束"对话框的"关闭"按钮，完成几何约束的添加。

3.6.6　几何约束的删除

在 UG NX 添加几何约束时，如果草图中有原本不需要的约束，此时必须先把这些不需要的约束删除，然后添加必要的约束。原因是对于一个草图来讲，需要的几何约束应该是明确的，如果草图中存在不需要的约束，则必然会导致有一些必要的约束无法正常添加，因此我们就需要掌握约束删除的方法。下面以删除如图 3.49 所示的相切约束为例，介绍删除几何约束的一般操作过程。

步骤1：打开文件 D:\UG12\work\ch03.06\删除约束-ex。

步骤2：进入草图环境。在部件导航器中右击 ☑品 草图 (1)，选择 ⚙ 可回滚编辑...（可回滚编辑）命令，此时系统会进入草图环境。

（a）删除前　　　　　　　　　　　　　　（b）删除后
图 3.49　删除约束

步骤3：选择命令。在 主页 功能选项卡下"约束"区域中单击"显示草图约束"下的 ▼ 按钮，在系统弹出的快捷菜单中选择 ⚄ 关系浏览器 命令，系统会弹出"草图关系浏览器"对话框。

步骤4：选择要删除的几何约束。在"草图约束浏览器"对话框"范围"下拉列表中选择"活动草图中的所有对象"，在"顶级节点对象"区域选中"约束"，然后在"浏览器"区域选中"相切约束"。

步骤5：删除几何约束。在"草图关系浏览器"对话框中右击选中的"相切约束"，在弹出的快捷菜单中选择 ✕ 删除 命令。

步骤6：完成操作。单击"草图关系浏览器"对话框中的"关闭"按钮。

步骤7：操纵图形。将鼠标移动到直线下端点处，按住鼠标左键拖动即可得到如图 3.49（b）所示的图形。

3.7 UG NX 二维草图的尺寸约束

3.7.1 尺寸约束概述

尺寸约束也称标注尺寸，主要用来确定草图中几何图元的尺寸，例如长度、角度、半径和直径，它是一种以数值来确定草图图元精确大小的约束形式。一般情况下，当我们绘制完草图的大概形状后，需要对图形进行尺寸控制，使尺寸满足实际要求。

3.7.2 尺寸的类型

在 UG NX 中标注的尺寸主要分为两种：一种是从动尺寸；另一种是驱动尺寸。从动尺寸的特点有两个，一是不支持直接修改，二是如果强制修改了尺寸值，则尺寸所标注的对象不会发生变化；驱动尺寸的特点也有两个，一是支持直接修改，二是当尺寸发生变化时，尺寸所标注的对象也会发生变化。

2min

3.7.3 标注线段长度

步骤 1：打开文件 D:\UG12\work\ch03.07\尺寸标注-ex。

步骤 2：进入草图环境。在部件导航器中右击 草图 (1)，选择 可回滚编辑... 命令，此时系统会进入草图环境。

步骤 3：选择命令。单击 主页 功能选项卡“约束”区域中的“快速尺寸” 按钮（或者选择下拉菜单“插入”→“尺寸”→“快速”命令），系统会弹出“快速尺寸”对话框。

步骤 4：设置测量方法。在“快速尺寸”对话框“方法”下拉列表中选择“自动判断”。

步骤 5：选择标注对象。在系统 选择要标注快速尺寸的第一个对象或双击编辑驱动值；按住并拖动以重定位注释 的提示下，选取如图 3.50 所示的直线。

图 3.50 标注线段长度

步骤 6：定义尺寸放置位置。在直线上方的合适位置单击，完成尺寸的放置，单击“快速尺寸”对话框中的“关闭”按钮完成操作。

2min

3.7.4 标注点线距离

步骤 1：选择命令。单击 主页 功能选项卡“约束”区域中的“快速尺寸” 按钮，系统会弹出“快速尺寸”对话框。

步骤 2：设置测量方法。在“快速尺寸”对话框“方法”下拉列表中选择“自动判断”。

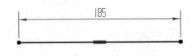

步骤3：选择标注对象。在系统 选择要标注快速尺寸的第一个对象或双击编辑驱动值；按住并拖动以重定位注释 的
提示下，选取如图3.51所示的端点与直线。

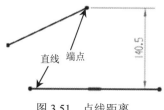

图3.51　点线距离

步骤4：定义尺寸放置位置。水平向右移动鼠标并在合适位置单击，完成尺寸的放置，
单击"快速尺寸"对话框中的"关闭"按钮完成操作。

3.7.5　标注两点距离

步骤1：选择命令。单击 主页 功能选项卡"约束"区域中的"快速尺寸" 按钮，
系统会弹出"快速尺寸"对话框。

步骤2：设置测量方法。在"快速尺寸"对话框"方法"下拉列表中选择"自动判断"。

步骤3：选择标注对象。在系统 选择要标注快速尺寸的第一个对象或双击编辑驱动值；按住并拖动以重定位注释
的提示下，选取如图3.52所示的两个端点。

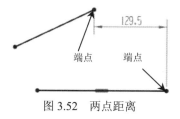

图3.52　两点距离

步骤4：定义尺寸放置位置。竖直向上移动鼠标并在合适位置单击，完成尺寸的放置，
单击"快速尺寸"对话框中的"关闭"按钮完成操作。

说明：在放置尺寸时，鼠标移动方向不同所标注的尺寸也不同，如果竖直移动尺寸，则
可以标注如图3.52所示的水平尺寸；如果水平移动鼠标，则可以标注得到如图3.53所示的
竖直尺寸；如果沿两点连线的垂直方向移动鼠标，则可以标注得到如图3.54所示的倾斜尺寸。

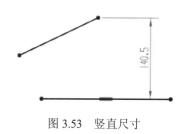

图3.53　竖直尺寸

图3.54　倾斜尺寸

2min

3.7.6 标注两平行线间距离

步骤1：选择命令。单击 主页 功能选项卡"约束"区域中的"快速尺寸" ⚡ 按钮，系统会弹出"快速尺寸"对话框。

步骤2：设置测量方法。在"快速尺寸"对话框"方法"下拉列表中选择"自动判断"。

步骤3：选择标注对象。在系统 选择要标注快速尺寸的第一个对象或双击编辑驱动值；按住并拖动以重定位注释 的提示下，选取如图3.55所示的两条直线。

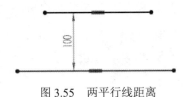

图3.55 两平行线距离

步骤4：定义尺寸放置位置。在两直线中间的合适位置单击，完成尺寸的放置，单击"快速尺寸"对话框中的"关闭"按钮完成操作。

3.7.7 标注直径

3min

步骤1：选择命令。单击 主页 功能选项卡"约束"区域中的"快速尺寸" ⚡ 按钮，系统会弹出"快速尺寸"对话框。

步骤2：设置测量方法。在"快速尺寸"对话框"方法"下拉列表中选择"直径"。

步骤3：选择标注对象。在系统 选择要标注快速尺寸的第一个对象或双击编辑驱动值；按住并拖动以重定位注释 的提示下，选取如图3.56所示的圆。

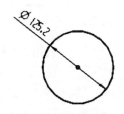

图3.56 直径

步骤4：定义尺寸放置位置。在圆左上方的合适位置单击，完成尺寸的放置，单击"快速尺寸"对话框中的"关闭"按钮完成操作。

3.7.8 标注半径

2min

步骤1：选择命令。单击 主页 功能选项卡"约束"区域中的"快速尺寸" ⚡ 按钮，系统会弹出"快速尺寸"对话框。

步骤2：设置测量方法。在"快速尺寸"对话框"方法"下拉列表中选择"径向"。

步骤3：选择标注对象。在系统 选择要标注快速尺寸的第一个对象或双击编辑驱动值；按住并拖动以重定位注释 的提示下，选取如图 3.57 所示的圆弧。

图 3.57　半径

步骤4：定义尺寸放置位置。在圆弧上方的合适位置单击，完成尺寸的放置，单击"快速尺寸"对话框中的"关闭"按钮完成操作。

3.7.9　标注角度

步骤 1：选择命令。单击　主页　功能选项卡"约束"区域中的"快速尺寸"　⚡ 按钮，▶ 2min
系统会弹出"快速尺寸"对话框。

步骤 2：设置测量方法。在"快速尺寸"对话框"方法"下拉列表中选择"斜角"。

步骤 3：选择标注对象。在系统 选择要标注快速尺寸的第一个对象或双击编辑驱动值；按住并拖动以重定位注释 的提示下，选取如图 3.58 所示的两条直线。

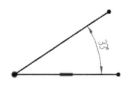

图 3.58　角度

步骤 4：定义尺寸放置位置。在两直线之间的合适位置单击，完成尺寸的放置，单击"快速尺寸"对话框中的"关闭"按钮完成操作。

3.7.10　标注两圆弧间的最小和最大距离

步骤 1：选择命令。单击　主页　功能选项卡"约束"区域中的"快速尺寸"　⚡ 按钮，▶ 3min
系统会弹出"快速尺寸"对话框。

步骤 2：设置测量方法。在"快速尺寸"对话框"方法"下拉列表中选择"自动判断"。

步骤 3：选择标注对象。在系统 选择要标注快速尺寸的第一个对象或双击编辑驱动值；按住并拖动以重定位注释 的提示下，靠近左侧的位置选取圆 1 上的点，靠近右侧的位置选取圆 2 上的点。

步骤 4：定义尺寸放置位置。在圆上方的合适位置单击，完成最大尺寸的放置，单击"快速尺寸"对话框中的"关闭"按钮完成操作，如图 3.59 所示。

说明：在选取对象时，如果在靠近右侧的位置选取圆 1 上的点，则在靠近左侧的位置选取圆 2 上的点放置尺寸时将标注得到如图 3.60 所示的最小尺寸。

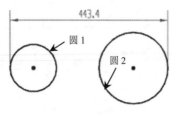

图 3.59　最大尺寸

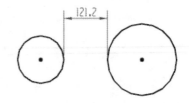

图 3.60　最小尺寸

2min

3.7.11　修改尺寸

步骤 1：打开文件 D:\UG12\work\ch03.07\尺寸修改-ex。

步骤 2：进入草图环境。在部件导航器中右击 ☑ 草图 (1)，选择 可回滚编辑... 命令，此时系统会进入草图环境。

步骤 3：在要修改的尺寸（例如图 3.61 所示的 61 的尺寸）上双击，系统会弹出"线性尺寸"对话框。

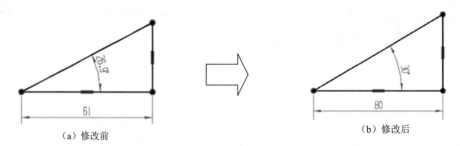

（a）修改前　　　　　　　　　（b）修改后

图 3.61　修改尺寸

步骤 4：在"线性尺寸"对话框"驱动"区域的"尺寸"文本框输入数值 80，如图 3.62 所示，然后单击"线性尺寸"对话框中的"关闭"按钮，完成尺寸的修改。

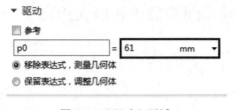

图 3.62　"驱动"区域

说明：读者也可以在"尺寸"工具条的"尺寸"文本框修改尺寸值。

步骤 5：重复步骤 2 和步骤 3，修改角度尺寸，最终结果如图 3.61（b）所示。

3.7.12　删除尺寸

删除尺寸的一般操作步骤如下。

步骤 1：选中要删除的尺寸（单个尺寸可以单击选取，多个尺寸可以按住 Ctrl 键后选取）。

步骤 2：按键盘上的 Del 键，选中的尺寸就可被删除。

3.7.13　修改尺寸精度

读者可以使用"尺寸设置"对话框来控制尺寸的精度，下面以图 3.63 为例，介绍修改尺寸精度的一般操作过程。

3min

（a）修改前　　　　　　　　　　　　　　（b）修改后

图 3.63　尺寸精度

步骤 1：打开文件 D:\UG12\work\ch03.07\尺寸精度-ex。

步骤 2：进入草图环境。在部件导航器中右击 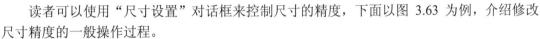 草图 (1)，选择 可回滚编辑... 命令，此时系统会进入草图环境。

步骤 3：选取要修改精度的尺寸。在绘图区域选取所有尺寸。

说明：读者也可以通过"选择过滤器"快速选取尺寸，在"选择过滤器"中选择"尺寸"类型，然后按快捷键 Ctrl+A 就可选取全部尺寸。

步骤 4：选择命令。在任意一个尺寸上右击，在系统弹出的快捷菜单中选择 设置... 命令，系统会弹出"设置"对话框。

步骤 5：设置精度。在"设置"对话框左侧选中"文本"下的"单位"节点，然后在"小数位数"文本框中输入 3（保留 3 位小数位）。

步骤 6：单击"关闭"按钮，完成小数位的设置，效果如图 3.63（b）所示。

3.8　UG NX 二维草图的全约束

3.8.1　基本概述

我们都知道在设计完某个产品之后，这个产品中每个模型的每个结构的大小与位置都应该已经完全确定，因此为了能够使所创建的特征满足产品的要求，有必要把所绘制的草图的大小、形状与位置都约束好，这种都约束好的状态就称为全约束。

3.8.2　如何检查是否全约束

检查草图是否全约束的方法主要是有以下几种：

（1）观察草图的颜色（默认情况下暗绿色的草图代表全约束，栗色代表欠约束、红色代表过约束）。

说明： 用户可以在如图 3.64 所示的"草图首选项"对话框中设置各种不同状态下草图颜色的控制。

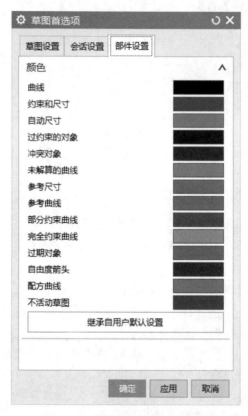

图 3.64　"草图首选项"对话框

（2）鼠标拖动图元（如果所有图元不能拖动，则代表全约束，如果有的图元可以拖动就代表欠约束）。

（3）查看状态栏信息（在状态栏软件会明确提示当前草图是欠约束、完全约束还是过约束）如图 3.65 所示。

图 3.65　状态栏信息

15min

3.9　UG NX 二维草图绘制的一般方法

3.9.1　常规法

常规法绘制二维草图主要针对一些外形不是很复杂或者比较容易进行控制的图形。在使用常规法绘制二维草图时，一般会经历以下几个步骤：

（1）分析将要创建的截面几何图形。

（2）绘制截面几何图形的大概轮廓。

（3）初步编辑图形。

（4）处理相关的几何约束。

（5）标注并修改尺寸。

接下来就以绘制如图 3.66 所示的图形为例，向大家具体介绍，在每步中具体的工作有哪些。

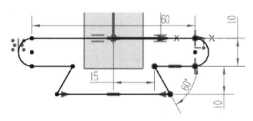

图 3.66　草图绘制一般过程

步骤 1：分析将要创建的截面几何图形。

（1）分析所绘制图形的类型（开放、封闭或者多重封闭），此图形是一个封闭的图形。

（2）分析此封闭图形的图元组成，此图形是由 6 段直线和 2 段圆弧组成的。

（3）分析所包含的图元中有没有编辑可以得到一些对象（总结草图编辑中可以创建新对象的工具：镜像曲线、偏置曲线、倒角、圆角、派生直线、阵列曲线等），在此图形中由于是整体对称的图形，因此可以考虑使用镜像方式实现，此时只需绘制 4 段直线和 1 段圆弧。

（4）分析图形包含哪些几何约束，在此图形中包含了直线的水平约束、直线与圆弧的相切、对称及原点与水平直线的中点约束。

（5）分析图形包含哪些尺寸约束，此图形包含 5 个尺寸。

步骤 2：进入草图环境。选择"快速访问工具条"中的 命令，在"新建"对话框中选择"模型"模板，在名称文本框输入"常规法"，将工作目录设置为 D:\UG12\work\ch03.09\，然后单击"确定"按钮进入零件建模环境；单击　主页　功能选项卡"直接草图"区域中的 按钮，系统会弹出"创建草图"对话框，在系统提示下，选取"XY 平面"作为草图平面，单击"确定"按钮进入草图环境。

步骤 3：绘制截面几何图形的大概轮廓。通过轮廓命令绘制如图 3.67 所示的大概轮廓。

注意：在绘制图形中的第一个图元时，应尽可能使绘制的图元大小与实际一致，否则会导致后期修改尺寸非常麻烦。

步骤4：初步编辑图形。通过图元操纵的方式调整图形的形状及整体位置，如图3.68所示。

图3.67　绘制大概轮廓　　　　　　　　图3.68　初步编辑图形

注意：在初步编辑时，暂时先不去进行镜像、等距、复制等创建类的编辑操作。

步骤5：处理相关的几何约束。

首先需要检查所绘制的图形中有没有无用的几何约束，如果有无用的约束，则需要及时删除，判断是否需要的依据就是第1步分析时所分析到的约束就是需要的。

添加必要约束；添加中点约束，单击 **主页** 功能选项卡"约束"区域中的"几何约束" ↗⊥ 按钮，系统会弹出"几何约束"对话框；在"几何约束"对话框的"约束"区域中选中 ⊢ "中点"类型；在绘图区选取"原点"作为要约束的对象，按中键确认，选取"直线1"作为要约束到的对象，完成后如图3.69所示。

添加共线约束，在"几何约束"对话框的"约束"区域中选中 ⫽ "共线"类型；在绘图区选取"直线1"作为要约束的对象，按中键确认，选取"X轴"作为要约束到的对象，完成后如图3.70所示，单击"关闭"按钮完成添加。

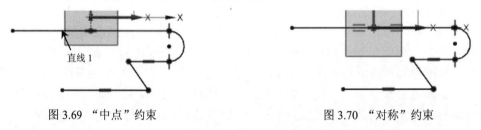

图3.69　"中点"约束　　　　　　　　图3.70　"对称"约束

添加对称约束，单击 **主页** 功能选项卡"约束"区域中的"设为对称" 按钮，系统会弹出"设为对称"对话框；选取最下方直线的左侧端点作为主对象，选取最下方直线的右侧端点作为次对象，选取"Y轴"作为对称中心线，单击"关闭"按钮完成对称添加，效果如图3.71所示。

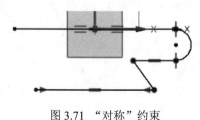

图3.71　"对称"约束

步骤6：标注并修改尺寸。

单击 主页 功能选项卡"约束"区域中的"快速尺寸" 按钮，标注如图 3.72 所示的尺寸。

检查草图的全约束状态。

注意：如果草图是全约束就代表约束添加是没问题的，如果此时草图并没有全约束，则应检查尺寸有没有标注完整。如果尺寸没问题，就说明草图中缺少必要的几何约束，需要通过操纵的方式检查缺少哪些几何约束，直到全约束。

修改尺寸值的最终值；双击 23.6 的尺寸值，在系统弹出的"尺寸"工具条的尺寸文本框中输入 15，采用相同的方法修改其他尺寸，修改后的效果如图 3.73 所示，最后按中键完成修改操作。

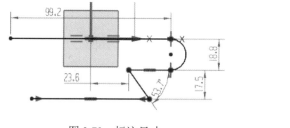
图 3.72　标注尺寸

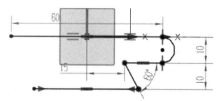
图 3.73　修改尺寸

注意：一般情况下，如果绘制的图形比实际想要的图形大，则建议大家先修改小一些的尺寸；如果绘制的图形比实际想要的图形小，则建议大家先修改大一些的尺寸。

步骤7：镜像复制。单击 主页 功能选项卡"曲线"区域中的 镜像曲线 按钮，系统会弹出"镜像曲线"对话框，选取如图 3.74 所示的一个圆弧与两端直线作为镜像的源对象，在"镜像曲线"对话框中单击激活"中心线"区域的文本框，选取"Y 轴"作为镜像中心线，单击"确定"按钮，完成镜像操作，效果如图 3.66 所示。

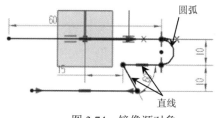
图 3.74　镜像源对象

步骤8：退出草图环境。在草图设计环境中单击 主页 功能选项卡"草图"区域的"完成" 按钮退出草图环境。

步骤9：保存文件。选择"快速访问工具栏"中的"保存"命令，完成保存操作。

3.9.2　逐步法

逐步法绘制二维草图主要针对一些外形比较复杂或者不容易进行控制的图形。接下来就以绘制如图 3.75 所示的图形为例，来介绍使用逐步法绘制二维草图的一般操作过程。

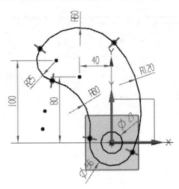

图 3.75　逐步法

步骤 1：新建文件。选择"快速访问工具条"中的 ▯ 命令，在"新建"对话框中选择"模型"模板，在名称文本框输入"逐步法"，将工作目录设置为 D:\UG12\work\ch03.09\，然后单击"确定"按钮进入零件建模环境。

步骤 2：新建草图。单击 主页 功能选项卡"直接草图"区域中的 ▦ 按钮，系统会弹出"创建草图"对话框，在系统提示下，选取"XY 平面"作为草图平面，单击"确定"按钮进入草图环境。

步骤 3：绘制圆 1。单击 主页 功能选项卡"曲线"区域中的 ○（圆）按钮，系统会弹出"圆"命令条，在"圆"命令条的"圆方法"区域选中"圆心和直径定圆" ◉ 类型，在原点处单击，即可确定圆的圆心，在图形区任意位置再次单击，即可确定圆形的圆上点，此时系统会自动在两个点间绘制并得到一个圆；单击 主页 功能选项卡"约束"区域中的 ⊬"快速尺寸"按钮，选取圆对象，然后在合适位置放置尺寸，在系统弹出的"尺寸"工具条的尺寸文本框中输入 27，单击"快速尺寸"对话框中的"关闭"按钮完成操作，如图 3.76 所示。

步骤 4：绘制圆 2。参照步骤 3 绘制圆 2，完成后如图 3.77 所示。

图 3.76　圆 1

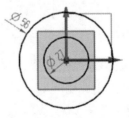

图 3.77　圆 2

步骤 5：绘制圆 3。单击 主页 功能选项卡"曲线"区域中的 ○（圆）按钮，系统会弹出"圆"命令条，在"圆"命令条的"圆方法"区域选中"圆心和直径定圆" ⊙ 类型，在相对原点左上方的合适位置单击，即可确定圆的圆心，在图形区任意位置再次单击，即可确定圆形的圆上点，此时系统会自动在两个点间绘制并得到一个圆；单击 主页 功能选项卡"约束"区域中的 ⚡ "快速尺寸"按钮，在"测量"区域的"方法"下拉列表中选择"径向"，选取绘制的圆对象，然后在合适位置放置尺寸，在"测量"区域的"方法"下拉列表中选择"自动判断"，然后标注圆心与原点之间的水平与竖直间距，单击"关闭"按钮完成标注；依次双击标注的尺寸，分别将半径尺寸修改为60，将水平间距修改为40，将竖直间距修改80，单击"快速尺寸"对话框中的"关闭"按钮完成操作，如图3.78所示。

步骤6：绘制圆弧 1。单击 主页 功能选项卡"曲线"区域中的 ◝ 按钮，在"圆弧"命令条的"圆弧方法"区域选中"三点定圆弧" ⌒ 类型，在半径为60的圆上的合适位置单击，即可确定圆弧的起点，在直径为56的圆上的合适位置再次单击，即可确定圆弧的终点，在直径为56圆的右上角的合适位置再次单击，即可确定圆弧的通过点，此时系统会自动在3个点间绘制并得到一个圆弧；单击 主页 功能选项卡"约束"区域中的"几何约束" ⊿ 按钮，系统会弹出"几何约束"对话框；在"几何约束"对话框的"约束"区域中选中 ⚊ "相切"类型；在绘图区选取"圆弧"作为要约束的对象，按中键确认，选取"半径为60的圆"作为要约束到的对象，选取"圆弧"作为要约束的对象，按中键确认，选取"直径为56的圆"作为要约束到的对象，单击"关闭"按钮完成几何约束的操作；单击 主页 功能选项卡"约束"区域中的 ⚡ "快速尺寸"按钮，在"测量"区域的"方法"下拉列表中选择"径向"，选取绘制的圆弧对象，然后在合适位置放置尺寸，在系统弹出的"尺寸"工具条的尺寸文本框中输入120，单击"快速尺寸"对话框中的"关闭"按钮完成操作，如图3.79所示。

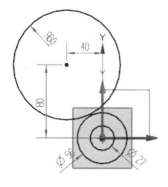

图3.78　圆3

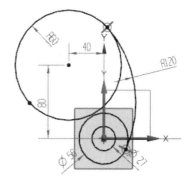

图3.79　圆弧1

步骤7：绘制圆 4。单击 主页 功能选项卡"曲线"区域中的 ○（圆）按钮，系统会弹出"圆"命令条，在"圆"命令条的"圆方法"区域选中"圆心和直径定圆" ⊙ 类型，在相对原点左上方的合适位置单击，即可确定圆的圆心，在图形区任意位置再次单击，即可确定圆形的圆上点，此时系统会自动在两个点间绘制并得到一个圆；单击 主页 功能选项卡"约束"区域中的"几何约束" ⊿ 按钮，系统会弹出"几何约束"对话框；在"几何约束"对话框的"约束"区域中选中 ⚊ "相切"类型；在绘图区选取"圆4"作为要约束的对象，按中键确认，选取"半径为 60 的圆"作为要约束到的对象，单击"关闭"按钮完成几何约束的操作；单击 主页 功能选项卡"约束"区域中的 ⚡ "快速尺寸"按钮，在"测量"区域的"方法"下拉列表中选择"径向"，选取绘制的圆对象，然后在合适位置放置尺寸，在"测量"区域的"方法"下拉列表中选择"自动判断"，然后标注圆心与原点之间的竖直间距，单击"关闭"按钮完成标注；依次双击标注的尺寸，分别将半径尺寸修改为 25，将竖直间距修改 100，单击"快速尺寸"对话框中的"关闭"按钮完成操作，如图 3.80 所示。

步骤 8：绘制圆弧 2。单击 主页 功能选项卡"曲线"区域中的 ⌒ 按钮，在"圆弧"命令条的"圆弧方法"区域选中"三点定圆弧" ⌒ 类型，在半径为 25 的圆上的合适位置单击，即可确定圆弧的起点，在直径为 56 的圆上的合适位置再次单击，即可确定圆弧的终点，在直径为 56 圆的左上角的合适位置再次单击，即可确定圆弧的通过点，此时系统会自动在 3 个点间绘制并得到一个圆弧；单击 主页 功能选项卡"约束"区域中的"几何约束" ⊿ 按钮，系统会弹出"几何约束"对话框；在"几何约束"对话框的"约束"区域中选中 ⊙ "相切"类型；在绘图区选取"圆弧 2"作为要约束的对象，按中键确认，选取"半径为 25 的圆"作为要约束到的对象，选取"圆弧 2"作为要约束的对象，按中键确认，选取"直径为 56 的圆"作为要约束到的对象，单击"关闭"按钮完成几何约束的操作；单击 主页 功能选项卡"约束"区域中的 ⚡ "快速尺寸"按钮，在"测量"区域的"方法"下拉列表中选择"径向"，选取绘制的圆弧对象，然后在合适位置放置尺寸，在系统弹出的"尺寸"工具条的尺寸文本框中输入 60，单击"快速尺寸"对话框中的"关闭"按钮完成操作，如图 3.81 所示。

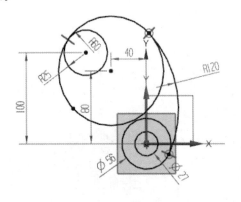 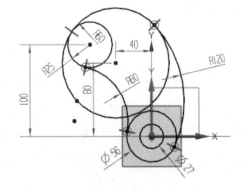

图 3.80 圆 4 　　　　　　　　　　图 3.81 圆弧 2

步骤 9：裁剪图元。单击 主页 功能选项卡"曲线"区域中的 ✂ "快速修剪"按钮，系统会弹出的"快速修剪"对话框，在系统提示"选择要修剪的曲线"的提示下，拖动鼠标左键将不需要的对象修剪，在"快速裁剪"对话框中单击"关闭"按钮，完成操作，结果如图 3.75 所示。

步骤 10：退出草图环境。在草图设计环境中单击 主页 功能选项卡"草图"区域的"完成" ▨ 按钮退出草图环境。

步骤 11：保存文件。选择"快速访问工具栏"中的"保存"命令，完成保存操作。

3.10　上机实操

上机实操案例 1 完成后如图 3.82 所示。上机实操案例 2（吊钩）完成后如图 3.83 所示。

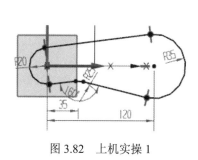

图 3.82　上机实操 1

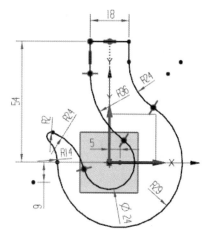

图 3.83　上机实操 2

第 4 章

UG NX 零件设计

4.1 拉伸特征

4.1.1 基本概述

拉伸特征是指将一个截面轮廓沿着草绘平面的垂直方向进行伸展而得到的一种实体。通过对概念的学习，我们应该可以总结得到，拉伸特征的创建需要有两大要素：一是截面轮廓，二是草绘平面。对于这两大要素来讲，一般情况下截面轮廓是绘制在草绘平面上的。因此，一般在创建拉伸特征时需要先确定草绘平面，然后考虑要在这个草绘平面上绘制一个什么样的截面轮廓草图。

7min

4.1.2 拉伸凸台特征的一般操作过程

一般情况下在使用拉伸特征创建特征结构时都会经过以下几步：①执行命令；②选择合适的草绘平面；③定义截面轮廓；④设置拉伸的开始位置；⑤设置拉伸的终止位置；⑥设置其他的拉伸特殊选项；⑦完成操作。接下来就以创建如图 4.1 所示的模型为例，介绍拉伸凸台特征的一般操作过程。

步骤 1：新建文件。选择"快速访问工具栏"中的 命令（或者选择下拉菜单"文件"→"新建"命令），系统会弹出"新建"对话框；在"新建"对话框中选择"模型"模板，将名称设置为"拉伸凸台"，将保存路径设置为 D:\UG12\work\ch04.01，然后单击"确定"按钮进入零件建模环境。

步骤 2：选择命令。单击 主页 功能选项卡"特征"区域中的 拉伸 ▾ 按钮（或者选择下拉菜单"插入"→"设计特征"→"拉伸"命令），系统会弹出"拉伸"对话框。

步骤 3：绘制截面轮廓。在系统 选择要绘制的平面，或为截面选择曲线 下，选取"ZX 平面"作为草图平面，进入草图环境，绘制如图 4.2 所示的草图（具体操作可参考 3.9.1 节中的相关内容），绘制完成后单击 主页 选项卡"草图"区域的 （完成）按钮退出草图环境。

草图平面的几种可能性：系统默认的 3 个基准面（XY 平面、XZ 平面、YZ 平面）；现有模型的平面表面；用户自己独立创建的基准平面。

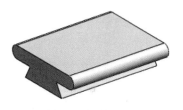

图 4.1　拉伸凸台

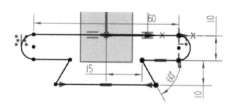

图 4.2　截面轮廓

退出草图环境的其他几种方法：

（1）在图形区右击，在弹出的快捷菜单中选择"完成草图"命令。

（2）选择下拉菜单："任务"→"完成草图"命令。

步骤4：定义拉伸的开始位置。退出草图环境后，系统会弹出"拉伸"对话框，在"限制"区域的"开始"下拉列表中选择"值"，然后在"距离"文本框输入值0。

步骤5：定义拉伸的深度方向。采用系统默认的方向。

说明：

（1）在"拉伸"对话框的"方向"区域中单击 ⊠ 按钮就可调整拉伸的方向。

（2）在绘图区域的模型中可以看到如图 4.3 所示的拖动手柄，将鼠标放到拖动手柄中，按住左键拖动就可以调整拉伸的深度及方向。

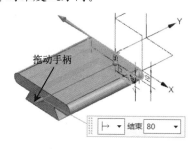

图 4.3　拖动箭头手柄

步骤6：定义拉伸的深度类型及参数。在"拉伸"对话框"限制"区域的"结束"下拉列表中选择 🔟 值　选项，在"距离"文本框中输入深度值80。

步骤7：完成拉伸凸台。单击"拉伸"对话框中的"确定"按钮，完成特征的创建。

步骤8：保存文件。选择"快速访问工具栏"中的"保存"命令，完成保存操作。

4.1.3　拉伸切除特征的一般操作过程

▶4min

拉伸切除与拉伸凸台的创建方法基本一致，只不过拉伸凸台是添加材料，而拉伸切除是减去材料。下面以创建如图 4.4 所示的拉伸切除为例，介绍拉伸切除的一般操作过程。

步骤1：打开文件 D:\UG12\work\ch04.01\拉伸切除-ex。

步骤2：选择命令。单击 主页 功能选项卡"特征"区域中的 🔟 拉伸 ▾按钮。

步骤3：绘制截面轮廓。在系统提示下选取模型上表面作为草图平面，绘制如图 4.5 所

示的截面草图，绘制完成后，单击 主页 选项卡"草图"区域的 🎌 （完成）按钮退出草图
环境。

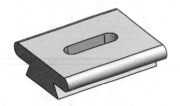

图 4.4　拉伸切除

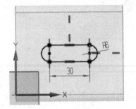

图 4.5　截面轮廓

　　步骤 4：定义拉伸的开始位置。在"拉伸"对话框的"限制"区域的"开始"下拉列表
中选择"值"，然后在"距离"文本框输入值 0。

　　步骤 5：定义拉伸的深度方向。单击"方向"区域的 ⧖ 按钮调整切除方向。

　　步骤 6：定义拉伸的深度类型及参数。在"拉伸"对话框"限制"区域的"结束"下拉
列表中选择 🧊 贯通 选项。

　　步骤 7：定义布尔运算类型。在"拉伸"对话框"布尔"区域的"布尔"下拉列表中选
择"减去"类型。

　　"布尔"区域选项的说明：

　　（1） 🖍无 类型：用于创建独立的拉伸实体，如图 4.6 所示。

　　（2） 🏠合并 类型：用于将拉伸实体与目标体合并为单个体，如图 4.7 所示。

图 4.6　布尔无

图 4.7　布尔合并

　　（3） 🏠减去 类型：用于从目标体移除拉伸体，如图 4.8 所示。

　　（4） 🏠相交 类型：用于创建一个体，其中包含由拉伸特征和与它相交的现有体共享的空
间体，如图 4.9 所示。

图 4.8　布尔减去

图 4.9　布尔相交

（5）⚡自动判断 类型：用于根据拉伸的方向向量及正在拉伸的对象的位置来确定概率最高的布尔操作。

（6）显示快捷方式 类型：用于以快捷键方式显示各布尔类型。

步骤8：完成拉伸切除。单击"拉伸"对话框中的"确定"按钮，完成特征的创建。

4.1.4　拉伸特征的截面轮廓要求

当绘制拉伸特征的横截面时，需要满足以下要求：

（1）横截面需要闭合，不允许有缺口，如图4.10（a）所示。

（2）横截面不能有探出多余的图元，如图4.10（b）所示。

（3）横截面不能有重复的图元，如图4.10（c）所示。

（4）横截面可以包含一个或者多个封闭截面，生成特征时，外环生成实体，内环生成孔，环与环之间也不能有直线或者圆弧相连，如图4.10（d）所示。

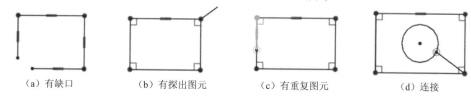

(a) 有缺口　　　　(b) 有探出图元　　　　(c) 有重复图元　　　　(d) 连接

图4.10　截面轮廓要求

4.1.5　拉伸深度的控制选项

"拉伸"对话框"限制"区域的"结束"下拉列表各选项的说明如下。

（1）⬜值 选项：表示通过给定一个深度值确定拉伸的终止位置，当选择此选项时，特征将从草绘平面开始，按照我们给定的深度，沿着特征创建的方向进行拉伸，如图4.11所示。

（2）⬜对称值 选项：表示特征将沿草绘平面正垂直方向与负垂直方向同时伸展，并且伸展的距离是相同的，如图4.12所示。

（3）⬛直至下一个 选项：表示将通过查找与模型中下一个面的相交来确定限制，如图4.13所示。

图4.11　给定深度　　　　　　图4.12　对称值　　　　　　图4.13　直至下一个

（4）🔲 直至选定 选项：表示特征将拉伸到用户所指定的面（模型平面表面、基准面或者模型曲面表面均可）上，如图 4.14 所示。

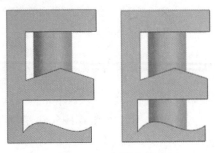

图 4.14 直至选定

（5）🔲 直至延伸部分 选项：表示在截面延伸超过所选面的边时，将拉伸特征修剪至该面。如果拉伸截面延伸到选定的面以外，或不完全与选定的面相交，软件则会尽可能地将选定的面进行数学延伸，然后应用修剪。某个平的所选面会无限延伸，以使修剪成功，而 B 样条曲面无法延伸，如图 4.15 所示。

（6）🔲 贯通 选项：表示将特征从草绘平面开始拉伸到所沿方向上的最后一个面上，此选项通常可以帮助我们做一些通孔，如图 4.16 所示。

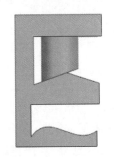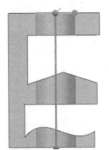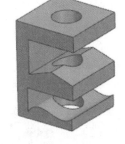

图 4.15 直至延伸部分   图 4.16 贯通

4.2 旋转特征

4.2.1 基本概述

旋转特征是指将一个截面轮廓绕着我们给定的中心轴旋转一定的角度而得到的实体效果。通过对概念的学习，我们应该可以总结得到，旋转特征的创建需要有两大要素：一是截面轮廓，二是中心轴，两个要素缺一不可。

4.2.2 旋转凸台特征的一般操作过程

一般情况下在使用旋转凸台特征创建特征结构时都会经过以下几步：①执行命令；②选

择合适的草绘平面；③定义截面轮廓；④设置旋转中心轴；⑤设置旋转的截面轮廓；⑥设置旋转的方向及旋转角度；⑦完成操作。接下来就以创建如图 4.17 所示的模型为例，介绍旋转凸台特征的一般操作过程。

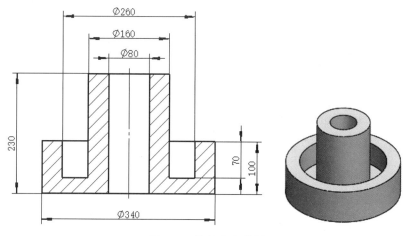

图 4.17　旋转凸台特征

步骤 1：新建文件。选择"快速访问工具栏"中的 ▯ 命令，系统会弹出"新建"对话框；在"新建"对话框中选择"模型"模板，将名称设置为"旋转凸台"，将保存路径设置为 D:\UG12\work\ch04.02，然后单击"确定"按钮进入零件建模环境。

步骤 2：选择命令。单击 主页 功能选项卡"特征"区域中的 🔧 旋转 按钮（或者选择下拉菜单"插入"→"设计特征"→"旋转"命令），系统会弹出"旋转"对话框。

步骤 3：绘制截面轮廓。在系统 选择要绘制的平的面，或为截面选择曲线 的提示下，选取"ZX 平面"作为草图平面，进入草图环境，绘制如图 4.18 所示的草图，绘制完成后，单击 主页 选项卡"草图"区域的 🔲（完成）按钮退出草图环境。

图 4.18　截面轮廓

注意：旋转特征的截面轮廓要求与拉伸特征的截面轮廓要求基本一致：截面需要尽可能封闭；不允许有多余及重复的图元；当有多个封闭截面时，环与环之间也不能有直线或者圆弧相连。

步骤 4：定义旋转轴。在"旋转"对话框激活"轴"区域的"指定向量"，选取"Z 轴"

作为旋转轴。

旋转轴的一般要求：要让截面轮廓位于旋转轴的一侧。

步骤 5：定义旋转方向与角度。采用系统默认的旋转方向，在"旋转"对话框的"限制"区域的"开始"下拉列表中选择"值"，然后在"角度"文本框输入值 0；在"结束"下拉列表中选择"值"，然后在"角度"文本框输入值 360。

步骤 6：完成旋转凸台。单击"旋转"对话框中的"确定"按钮，完成特征的创建。

4.2.3　旋转切除特征的一般操作过程

旋转切除与旋转凸台的操作基本一致，下面以创建如图 4.19 所示的模型为例，介绍旋转切除特征的一般操作过程。

（a）切除前　　　　　　　　　　　　　（b）切除后

图 4.19　旋转切除特征

步骤 1：打开文件 D:\UG12\work\ch04.02\旋转切除-ex。

步骤 2：选择命令。单击 主页 功能选项卡"特征"区域中的 旋转 按钮，系统会弹出"旋转"对话框。

步骤 3：绘制截面轮廓。在系统 选择要绘制的平面，或为截面选择曲线 的提示下，选取"ZX 平面"作为草图平面，进入草图环境，绘制如图 4.20 所示的草图。绘制完成后，单击 主页 选项卡"草图"区域的 （完成）按钮退出草图环境。

步骤 4：定义旋转轴。在"旋转"对话框激活"轴"区域的"指定向量"，选取"Z 轴"作为旋转轴。

图 4.20　截面轮廓

步骤 5：定义旋转方向与角度。采用系统默认的旋转方向，在"旋转"对话框的"限制"区域的"开始"下拉列表中选择"值"，然后在"角度"文本框输入值 0；在"结束"下拉列表中选择"值"，然后在"角度"文本框输入值 360。

步骤6：定义布尔运算类型。在"旋转"对话框"布尔"区域的"布尔"下拉列表选择"减去"类型。

步骤7：完成旋转切除。单击"旋转"对话框中的"确定"按钮，完成特征的创建。

4.3　UG NX 的部件导航器

4.3.1　基本概述

部件导航器以树的形式显示当前活动模型中的所有特征，部件导航器中的所有特征构成了当前的这个零件模型，也就是说我们每添加一个特征，在部件导航器中就会显示出来，这样非常方便管理，并且还能够及时地反映出我们前面和当前做了哪些工作。部件导航器记录了在模型上添加的所有特征，也就是说部件导航器上的内容和图形区模型上所表现出来的特征是一一对应的。

4.3.2　部件导航器的作用

1．选取对象

用户可以在部件导航器中选取要编辑的特征或者零件对象，当选取的对象在绘图区域不容易选取或者所选对象在图形区被隐藏时，使用部件导航器选取就非常方便了；软件中的某一些功能在选取对象时必须在部件导航器中选取。

2．更改特征的名称

更改特征名称可以帮助用户更快地在部件导航器中选取所需对象；在部件导航器中缓慢单击特征两次，然后输入新的名称即可，也可以在部件导航器中右击要修改的特征（例如"拉伸1"），选择"重命名"命令，输入新的名称即可。

说明：读者也可以在特征属性对话框修改特征的名称，在部件导航器右击要修改的特征（例如"拉伸 1"），在系统弹出的快捷菜单中选择"属性"命令，系统会弹出"拉伸属性"对话框，单击"常规"选项卡，在"特征名"文本框输入新的名称即可（例如"100 正方体"），然后单击"确定"按钮完成操作。

更改特征名称后系统默认显示系统默认名称与用户自定义名称的组合，如果用户只需显示用户自定义的名称，则可以进行设置，在"部件导航器"空白区域右击，选择"属性"命令，系统会弹出"部件导航器属性"对话框，在"常规"选项卡的"名称显示"下拉列表中选择"用户替换系统"选项，此时将只显示用户定义的名称。

3．插入特征

读者可以在部件导航器中右击特征后选择 🔢 设为当前特征(C)，这样就可以将所选特征设置为当前特征，其作用是控制创建特征时特征的插入位置。默认情况下，它的位置是在部件导航器中最后一个特征后；读者可以在部件导航器根据实际需求设置当前特征，新插入的特征将自动添加到当前特征的后面；当前特征后的特征在部件导航器中变为灰色，并且不会在图形区显示；读者如果想显示整个模型的效果，则只需将最后一个特征设置为当前特征。

4. 调整特征顺序

默认情况下，部件导航器将会以特征创建的先后顺序进行排序，如果在创建时顺序安排得不合理，则可以通过部件导航器对顺序进行重排；按住需要重排的特征拖动，然后放置到合适的位置即可。

注意：特征顺序的重排与特征的父子关系有很大关系，没有父子关系的特征可以重排，存在父子关系的特征不允许重排，父子关系的具体内容将会在4.3.4节中具体介绍。

用户也可以在部件导航器右击要重新排序的特征，在系统弹出的快捷菜单中选择"重排在前"（用于将当前特征调整到所选特征之前）或者"重排在后"（用于将当前特征调整到所选特征之后）下对应的特征即可。

4.3.3 编辑特征

1. 显示特征尺寸并修改

步骤1：打开文件 D:\UG12\work\ch04.03\编辑特征-ex。

步骤2：显示特征尺寸。在部件导航器中右击要显示尺寸的特征（例如拉伸1），在系统弹出的快捷菜单中选择 ⊣□ **显示尺寸** 命令，此时该特征的所有尺寸都会显示出来，如图 4.21所示。

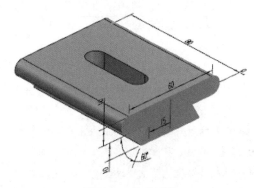

图 4.21   显示尺寸

步骤3：修改特征尺寸。在模型中双击需要修改的尺寸（例如深度尺寸80），系统会弹出"特征尺寸"对话框，在"特征尺寸"对话框的文本框输入新的尺寸，单击"特征尺寸"对话框中的"确定"按钮。

步骤4：隐藏尺寸。在图形区空白区域右击并选择"刷新"命令（或者按F5键）。

2. 可回滚编辑

可回滚编辑特征用于修改特征的一些参数信息，例如深度类型、深度信息等。

步骤1：选择命令。在部件导航器中选中要编辑的"拉伸1"后右击，选择 ⥀ **可回滚编辑...** 命令。

步骤2：修改参数。在系统弹出的"拉伸"对话框中可以调整拉伸的方向、限制参数、拔模参数及偏置参数等。

3. 编辑草图

编辑草图用于修改草图中的一些参数信息。

步骤1：选择命令。在部件导航器中选中要编辑的拉伸1后右击，选择 <kbd>编辑草图(K)…</kbd> 命令。

步骤2：修改参数。在草图设计环境中可以编辑草图的一些相关参数。

4.3.4　父子关系

父子关系是指在创建当前特征时，有可能会借用之前特征的一些对象，被用到的特征我们称为父特征，当前特征就是子特征。父子特征在进行编辑特征时非常重要，假如我们修改了父特征，子特征有可能会受到影响，并且有可能会导致子特征无法正确生成而产生报错。为了避免错误的产生就需要大概清楚某个特征的父特征与子特征包含哪些，在修改特征时尽量不要修改父子关系相关联的内容。

查看特征的父子关系的方法如下。

方法一

步骤1：选择命令。在部件导航器中右击要查看父子关系的特征（例如拉伸4），在系统弹出的快捷菜单中选择 <kbd>信息(I)</kbd> 命令。

步骤2：查看父子关系。在系统弹出的"信息"对话框中可以查看当前特征的父特征与子特征。

方法二

步骤1：在部件导航器中选中要查看父子关系的特征（例如"拉伸 4"），然后单击部件导航器中的"相关性"节点。

步骤2：查看父子关系。在如图 4.22 所示的"相关性"节点中即可查看所选特征的父项与子项。

图 4.22　"相关性"节点

说明：拉伸 4 特征的父项包含基准坐标系、拉伸 1、拉伸 2 及基准平面 3；拉伸 4 特征的子项包含拉伸 6、拉伸 7、边倒圆 12 及边倒圆 13。

4.3.5 删除特征

对于模型中不再需要的特征可以删除。删除的一般操作步骤如下。

步骤1：选择命令。在部件导航器中右击要删除的特征（例如"拉伸6"），在弹出的快捷菜单中选择 ✖ 删除(D) 命令。

说明：选中要删除的特征后，直接按键盘上的 Del 键也可以进行删除。

步骤2：在"通知"对话框中单击"确定"按钮即可删除特征。

说明：删除父特征时，系统默认会将子特征一并删除，读者可以单击"通知"对话框的"信息"按钮，在弹出的"信息"对话框中查看所包含的子特征信息。

4.3.6 隐藏特征

在 UG NX 中，隐藏基准特征与隐藏实体特征的方法是不同的。下面以如图 4.23 所示的图形为例，介绍隐藏特征的一般操作过程。

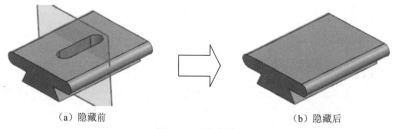

（a）隐藏前　　　　　　　　　　　　　　（b）隐藏后

图 4.23　隐藏特征

步骤1：打开文件 D:\UG12\work\ch04.03\隐藏特征-ex。

步骤2：隐藏基准特征。在部件导航器中右击"基准平面3"，在弹出的快捷菜单中选择 ⯈ 隐藏(H)命令，即可隐藏基准面。

基准特征包括基准面、基准轴、基准点及基准坐标系等。

步骤3：隐藏实体特征。在设计树中右击"拉伸2"，在弹出的快捷菜单中选择 👍 抑制(S) 命令，即可隐藏拉伸1，如图 4.23（b）所示。

实体特征包括拉伸、旋转、抽壳、扫掠、通过曲线组等。如果实体特征依然用 ⯈ 隐藏(H) 命令，系统默认则会将特征所在的体进行隐藏。

说明：读者如果想显示基准特征，则可以右击要显示的基准特征后选择 ⯈ 显示(S) 命令即可，如果想显示实体特征，则可以右击实体特征后选择 👍 取消抑制(U)命令即可。

4.4　UG NX 模型的定向与显示

4.4.1　模型的定向

在设计模型的过程中，需要经常改变模型的视图方向，利用模型的定向工具就可以将模型精确地定向到某个特定方位上。用户可以在图形区空白位置右击，在弹出的快捷菜单中选择定向视图，在系统弹出的下拉列表中选择其中一个方位就可以快速定向；用户还可以通过选择下拉菜单"视图"→"布局"→"替换视图"命令，系统会弹出"视图替换为"对话框，在视图列表中选择合适的视图，单击"确定"按钮就可以快速定向。

"视图替换为"对话框各视图的说明如下。

俯视图：沿着 XY 基准面正法向的平面视图，如图 4.24 所示。

前视图：沿着 ZX 基准面正法向的平面视图，如图 4.25 所示。

右视图：沿着 ZY 基准面正法向的平面视图，如图 4.26 所示。

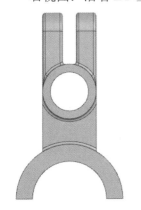  

图 4.24　俯视图　　　　　图 4.25　前视图　　　　　图 4.26　右视图

后视图：沿着 ZX 基准面负法向的平面视图，如图 4.27 所示。

仰视图：沿着 XY 基准面负法向的平面视图，如图 4.28 所示。

左视图：沿着 ZY 基准面负法向的平面视图，如图 4.29 所示。

图 4.27　后视图　　　　　图 4.28　仰视图　　　　　图 4.29　左视图

正等轴测图：将视图调整到正等轴测方位，如图 4.30 所示。

正三轴测图：将视图调整到正三轴测图，如图 4.31 所示。

图 4.30　正等轴测图

图 4.31　正三轴测图

用户自定义视图并保存的一般操作方法如下。

图 4.32　调整方位

步骤 1：通过鼠标的操纵将模型调整到一个合适的方位，如图 4.32 所示。

步骤 2：选择命令。选择下拉菜单"视图"→"操作"→"另存为"命令，系统会弹出"保存工作视图"对话框。

步骤 3：命名视图。在"保存工作视图"对话框的"名称"文本框输入视图名称（例如 v1），然后单击"确定"按钮。

步骤 4：查看保存的视图。选择下拉菜单"视图"→"布局"→"替换视图"命令，系统会弹出"视图替换为"对话框，选中"v1"视图，然后单击"确定"按钮即可。

快速定义平面视图的方法：通过鼠标的操纵将模型调整到与所想要平面方位比较接近的方位，例如想要如图 4.33 所示的平面方位，就可以先将模型旋转到如图 4.34 所示的方位，然后按 F8 键即可将方位快速调正。

图 4.33　自定义平面方位

图 4.34　鼠标操纵调正

4.4.2　模型的显示

UG NX 向用户提供了 8 种不同的显示方法，通过不同的显示方式可以方便用户查看模型内部的细节结构，也可以帮助用户更好地选取一个对象；用户可以在上工具条中单击"渲染样式"节点，在弹出的快捷菜单中可以显示不同的显示方式，样式节点下各选项的说明如下。

🔲 带边着色：模型以实体方式显示，并且可见边加粗显示，如图 4.35 所示。

🔲 着色：模型以实体方式显示，所有边线不加粗显示，如图 4.36 所示。

图 4.35　带边着色

图 4.36　着色

🔲 局部着色：模型将局部着色的面进行着色显示，其他面采用线框方式显示，如图 4.37 所示。

🔲 带有隐藏边的线框：模型以线框方式显示，可见边为加粗显示，不可见线不显示，如图 4.38 所示。

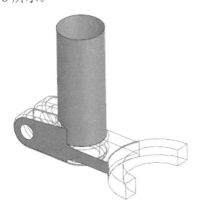

图 4.37　局部着色

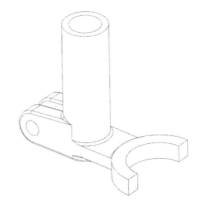

图 4.38　带有隐藏边的线框

🔲 带有淡化边的线框：模型以线框方式显示，可见边为加粗显示，不可见线以淡化灰色形式显示，如图 4.39 所示。

🔲 静态线框：模型以线框方式显示，所有边线为加粗显示，如图 4.40 所示。

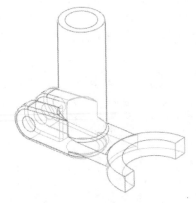

图 4.39　带有淡化边的线框

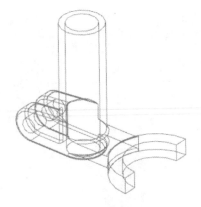

图 4.40　静态线框

🔘 **艺术外观**：根据基本材料、纹理和光源实际渲染面。没有指派材料或纹理特性的对象显示为已着色，并且系统打开透视，如图 4.41 所示。

🟰 **面分析**：只渲染可使用面分析数据的面。用边几何元素渲染剩余的面，如图 4.42 所示。

图 4.41　艺术外观

图 4.42　静态线框

4.5　布尔操作

4.5.1　基本概述

布尔运算是指将已经存在的多个独立的实体进行运算，以产生新的实体。在使用 UG 进行产品设计时，一个零部件从无到有一般像搭积木一样将一个个特征所创建的几个实体累加起来。在这些特征中，有时是添加材料，有时是去除材料，在加材料时是将多个几何体相加，也就是求和；在去除材料时，是从一个几何体中减去另外一个或者多个几何体，也就是求差，在机械设计中，我们把这种方式叫作布尔运算。在使用 UG 进行机械设计时，进行布尔运算是非常有用的。在 UG NX 中布尔运算主要包括布尔求和、布尔求差及布尔求交。

4.5.2 布尔求和

布尔求和命令是将工具体和目标体组合为一个整体。目标体只能有一个，工具体可以有 6min
多个。

下面以一个如图 4.43 所示的模型为例，说明进行布尔求和的一般操作过程。

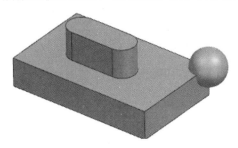

图 4.43 布尔求和

步骤 1：打开文件 D:\UG12\work\ch04.05\布尔求和-ex。

步骤 2：选择命令。单击 主页 功能选项卡"特征"区域中的 🔲 合并 ▾按钮（或者选择下拉菜单"插入"→"组合"→"合并"命令），系统会弹出"合并"对话框。

步骤 3：选择目标体。在系统"选择目标体"的提示下，选取长方体作为目标体。

说明：目标体是指执行布尔运算的实体，只能选择一个。

步骤 4：选择工具体。在系统"选择工具体"的提示下，选取另外两个体（球体和槽口体）作为工具体。

说明：工具体是指在目标体上执行操作的实体，可以选择多个。

步骤 5：设置参数。在"合并"对话框的"设置"区域中取消选中"保存目标"与"保存工具"复选框。

步骤 6：完成操作。在"合并"对话框中单击"确定"按钮完成操作。

4.5.3 布尔求差

布尔求差命令是将工具体和目标体重叠的部分从目标体中去除，同时将工具体移除。目 3min
标体只能有一个，但工具体可以有多个。

下面以一个如图 4.44 所示的模型为例，说明进行布尔求差的一般操作过程。

步骤 1：打开文件 D:\UG12\work\ch04.05\布尔求差-ex。

步骤 2：选择命令。单击 主页 功能选项卡"特征"区域中的 🔲 减去 ▾按钮（或者选择下拉菜单"插入"→"组合"→"减去"命令），系统会弹出"求差"对话框。

步骤 3：选择目标体。在系统"选择目标体"的提示下，选取长方体作为目标体。

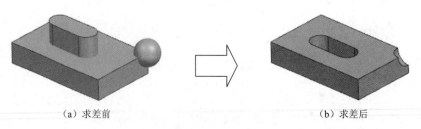

（a）求差前 　　　　　　　　　　　　　（b）求差后

图 4.44　布尔求差

步骤 4：选择工具体。激活"工具"区域中的"选择体"，然后在系统"选择工具体"的提示下，选取另外两个体（球体和槽口体）作为工具体。

步骤 5：设置参数。在"减去"对话框的"设置"区域中取消选中"保存目标"与"保存工具"复选框。

步骤 6：完成操作。在"减去"对话框中单击"确定"按钮完成操作。

4.5.4　布尔求交

4min

布尔求交命令是将工具体和目标体重叠的部分保留，其余的部分全部移除。

下面以一个如图 4.45 所示的模型为例，说明进行布尔求交的一般操作过程。

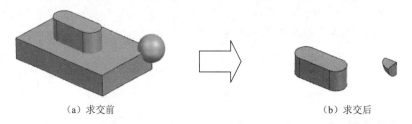

（a）求交前 　　　　　　　　　　　　　（b）求交后

图 4.45　布尔求交

步骤 1：打开文件 D:\UG12\work\ch04.05\布尔求交-ex。

步骤 2：选择命令。选择下拉菜单"插入"→"组合"→"相交"命令，系统会弹出"相交"对话框。

步骤 3：选择目标体。在系统"选择目标体"的提示下，选取长方体作为目标体。

步骤 4：选择工具体。激活"工具"区域中的"选择体"，然后在系统"选择工具体"的提示下，选取另外两个体（球体和槽口体）作为工具体。

步骤 5：设置参数。在"相交"对话框的"设置"区域中取消选中"保存目标"与"保存工具"复选框。

步骤 6：完成操作。在"相交"对话框中单击"确定"按钮完成操作。

布尔运算出错的几种常见情况：

在进行实体的求和、求差和求交运算时，所选工具体必须与目标体相交，否则系统会发出警告信息："工具体完全在目标体外"，如图 4.46 所示。

图 4.46　"警报"对话框

注意：如果创建的是第 1 个特征，则此时不会存在布尔运算，"布尔操作"的列表框为灰色。从创建第 2 个特征开始，以后加入的特征都可以选择"布尔操作"，而且对于一个独立的零件，每个添加的特征都需要选择"布尔操作"，这样就便于我们后续的一些操作。

4.6　设置零件模型的属性

4.6.1　材料的设置

设置模型材料主要可以确定模型的密度，进而确定模型的质量属性。

下面以一个如图 4.47 所示的扳手模型为例，说明设置零件模型材料属性的一般操作过程。

图 4.47　扳手模型

步骤 1：打开文件 D:\UG12\work\ch04.06\设置模型属性。

步骤 2：选择命令。单击 工具 功能选项卡"实用工具"区域中的 🔧 指派材料 按钮（或者选择下拉菜单"工具"→"材料"→"指派材料"命令），系统会弹出"指派材料"对话框。

步骤 3：定义体对象。在"指派材料"对话框的下拉列表中选择"选择体"，然后在绘图区选取"扳手"实体作为要添加材料的实体。

步骤 4：选择材料。在"指派材料"对话框"材料列表"区域中选取 Steel 材料。

步骤 5：应用材料。在"指派材料"对话框中单击"确定"按钮，将材料应用到模型。

4.6.2　单位的设置

在 UG NX 中，每个模型都有一个基本的单位系统，从而保证模型大小的准确性，UG NX 系统向用户提供了一些预定义的单位系统，其中一个是默认的单位系统，用户可以自己选择合适的单位系统，也可以自定义一个单位系统。需要注意，在进行某个产品的设计之前，需要保证产品中所有的零部件的单位系统是统一的。

修改或者自定义单位系统的方法如下。

步骤 1：选择命令。选择下拉菜单"工具"→"单位管理器"命令，系统会弹出"单位管理器"对话框。

步骤 2：在"单位管理器"对话框的 对象信息单位 下拉列表中显示默认的单位系统。

说明：系统默认的单位系统是 公制 - kg/mm/N/deg/C ▼ ，表示质量的单位为 kg，长度单位是 mm，力的单位为 N，角度单位为 deg，温度单位为℃。

步骤 3：如果需要应用其他的单位系统，则只需在 对象信息单位 下拉列表中选择其他单位。

步骤 4：如果需要自定义单位系统，则需要在"单位管理器"对话框中选择 新建单位 命令，此时所有选项均将变亮，用户可以根据自身的实际需求定制单位系统。

步骤 5：完成修改后，单击对话框中的"关闭"按钮。

4.7 倒角特征

4.7.1 基本概述

倒角特征是指在我们选定的边线处通过裁掉或者添加一块平直剖面的材料，从而在共有该边线的两个原始曲面之间创建出一个斜角曲面。

倒角特征的作用：提高模型的安全等级；提高模型的美观程度；方面装配。

4.7.2 倒角特征的一般操作过程

下面以如图 4.48 所示的简单模型为例，介绍创建倒角特征的一般过程。

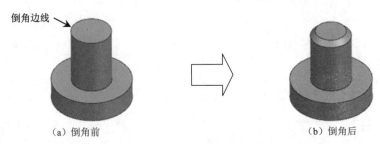

（a）倒角前　　　　　　　　　　　　　　　（b）倒角后

图 4.48　倒角特征

步骤 1：打开文件 D:\UG12\work\ch04.07\倒角-ex。

步骤 2：选择命令。单击 主页 功能选项卡"特征"区域中的 🔲 倒斜角 按钮（或者选择下拉菜单"插入"→"细节特征"→"倒斜角"命令），系统会弹出"倒斜角"对话框。

步骤 3：定义倒角类型。在"倒斜角"对话框"横截面"下拉列表中选择"对称"类型。

步骤 4：定义倒角对象。在系统提示下选取如图 4.48（a）所示的边线作为倒角对象。

步骤 5：定义倒角参数。在"倒斜角"对话框的"距离"文本框输入倒角距离值 5。

步骤 6：完成操作。在"倒斜角"对话框中单击"确定"按钮，完成倒角的定义，如图 4.48（b）所示。

"倒角"对话框中各选项的说明如下。

（1）对称 单选项：用于通过两个相同的距离控制倒角大小。

（2）非对称 （距离）单选项：用于通过两个不同的距离控制倒角大小。

（3）偏置和角度 （顶点）单选项：用于通过距离与角度控制倒角的大小。

4.8　圆角特征

4.8.1　基本概述

圆角特征是指在我们选定的边线处通过裁掉或者添加一块圆弧剖面的材料，从而在共有该边线的两个原始曲面之间创建出一个圆弧曲面。

圆角特征的作用：提高模型的安全等级；提高模型的美观程度；方便装配；消除应力集中。

4.8.2　恒定半径圆角

恒定半径圆角是指在所选边线的任意位置半径值都是恒定相等的。下面以如图 4.49 所示的模型为例，介绍创建恒定半径圆角特征的一般过程。

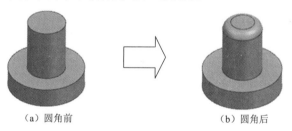

（a）圆角前　　　　　　　　　　　（b）圆角后

图 4.49　恒定半径圆角

步骤 1：打开文件 D:\UG12\work\ch04.08\圆角-ex。

步骤 2：选择命令。单击 主页 功能选项卡"特征"区域中的 （边倒圆）按钮（或者选择下拉菜单"插入"→"细节特征"→"边倒圆"命令），系统会弹出"边倒圆"对话框。

步骤 3：定义圆角对象。在系统提示下选取如图 4.49（a）所示的边线作为圆角对象。

步骤 4：定义圆角参数。在"边倒圆"对话框的"半径 1"文本框中输入圆角半径值 8。

步骤 5：完成操作。在"边倒圆"对话框中单击"确定"按钮，完成圆角的定义，如图 4.49（b）所示。

4min

4.8.3 变半径圆角

变半径圆角是指在所选边线的不同位置具有不同的圆角半径值。下面以如图 4.50 所示的模型为例，介绍创建变半径圆角特征的一般过程。

（a）圆角前   （b）圆角后

图 4.50 变半径圆角

步骤 1：打开文件 D:\UG12\work\ch04.08\变半径-ex。

步骤 2：选择命令。单击 主页 功能选项卡"特征"区域中的 🗁（边倒圆）按钮，系统会弹出"边倒圆"对话框。

步骤 3：定义圆角对象。在系统提示下选取如图 4.50（a）所示的边线作为圆角对象。

步骤 4：定义变半径参数。在"边倒圆"对话框的"变半径"区域激活"指定半径点"，然后选取如图 4.51 所示的"点 1"，然后在弹出的对话框的半径文本框输入 10，确认"弧长百分比"文本框为 0，如图 4.52 所示；选取如图 4.51 所示的"点 2"，将半径设置为 10，弧长百分比为 100；选取如图 4.51 所示的"点 3"，将半径设置为 30，弧长百分比为 50。

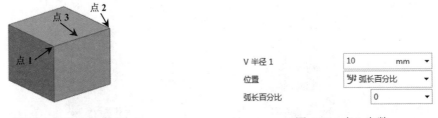

图 4.51 变半径点

图 4.52 点 1 参数

步骤 5：完成操作。在"边倒圆"对话框中单击"确定"按钮，完成圆角的定义，如图 4.50（6）所示。

3min

4.8.4 面圆角

面圆角是指在面与面之间进行倒圆角。下面以如图 4.53 所示的模型为例，介绍创建面圆角特征的一般过程。

步骤 1：打开文件 D:\UG12\work\ch04.08\面圆角-ex。

步骤 2：选择命令。单击 主页 功能选项卡"特征"区域中的 🗁（边倒圆）下的 ▾ 按钮，选择 🔲 面倒圆 命令（或者选择下拉菜单"插入"→"细节特征"→"面倒圆"命令），系统会弹出"面倒圆"对话框。

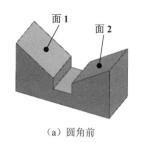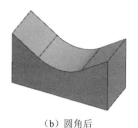

（a）圆角前　　　　　　　　　　　　　　　（b）圆角后

图 4.53　面圆角

步骤 3：定义圆角类型。在"面倒圆"对话框的类型下拉列表中选择"双面"。

步骤 4：定义圆角对象。在"面倒圆"对话框中激活"选择面 1"区域，选取如图 4.53（a）所示的面 1，然后激活"选择面 2"区域，选取如图 4.53（a）所示的面 2。

注意：在选取倒圆对象时需要提前将选择过滤器设置为"单个面"类型。

步骤 5：定义圆角参数。在"横截面"区域中的"半径"文本框中输入圆角半径值 80。

步骤 6：完成操作。在"面倒圆"对话框中单击"确定"按钮，完成圆角的定义，如图 4.53（b）所示。

4.8.5　完全圆角

完全圆角是指在 3 个相邻的面之间进行倒圆角。下面以如图 4.54 所示的模型为例，介绍创建完全圆角特征的一般过程。

🔲 ▶ 3min

（a）圆角前　　　　　　　　　　　　　　　（b）圆角后

图 4.54　完全圆角

步骤 1：打开文件 D:\UG12\work\ch04.08\完全圆角-ex。

步骤 2：选择命令。选择下拉菜单"插入"→"细节特征"→"面倒圆"命令，系统会弹出"面倒圆"对话框。

步骤 3：定义圆角类型。在"面倒圆"对话框的类型下拉列表中选择"三面"。

步骤 4：定义圆角对象。在"面倒圆"对话框中激活"选择面 1"区域，选取如图 4.55 所示的面 1，然后激活"选择面 2"区域，选取如图 4.55 所示的面 2，然后激活"选择中间面"区域，选取如图 4.55 所示的面。

注意：在选取倒圆对象时需要提前将选择过滤器设置为"单个面"类型。

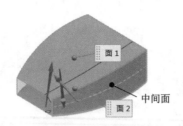

图 4.55　定义圆角对象

说明：面 2 与面 1 是两个相对的面。

步骤 5：在"面倒圆"对话框中单击"应用"按钮完成第 1 个完全圆角的创建。

步骤 6：参考步骤 4 再次创建另外一侧的完全圆角。

步骤 7：完成操作。在"面倒圆"对话框中单击"确定"按钮，完成圆角的定义，如图 4.54（b）所示。

4.8.6　倒圆的顺序要求

在创建圆角时，一般需要遵循以下几点规则和顺序：

（1）一般先创建竖直方向的圆角，再创建水平方向的圆角。

（2）如果要生成具有多个圆角边线及拔模面的铸模模型，在大多数情况下，则应先创建拔模特征，再进行圆角的创建。

（3）一般我们是将模型的主体结构创建完成后再尝试创建修饰作用的圆角，因为创建圆角越早，在重建模型时花费的时间就越长。

（4）当有多个圆角汇聚于一点时，先生成较大半径的圆角，再生成较小半径的圆角。

（5）为加快零件建模的速度，可以使用单一圆角操作来处理相同半径圆角的多条边线。

4.9　基准特征

4.9.1　基本概述

基准特征在建模的过程中主要起到定位参考的作用，需要注意基准特征并不能帮助我们得到某个具体的实体结构。虽然基准特征并不能帮助我们得到某个具体的实体结构，但是在创建模型中的很多实体结构时，如果没有合适的基准，则将很难或者不能完成结构的具体创建。例如创建如图 4.56 所示的模型，该模型有一个倾斜结构，要想得到这个倾斜结构，就需要创建一个倾斜的基准平面。

基准特征在 UG NX 中主要包括基准面、基准轴、基准点及基准坐标系。这些几何元素可以作为创建其他几何体的参照进行使用，在创建零件中的一般特征、曲面及装配时起到了非常重要的作用。

图 4.56　基准特征

4.9.2　基准面

基准面也称为基准平面，在创建一般特征时，如果没有合适的平面了，就可以自己创建出一个基准平面，此基准平面可以作为特征截面的草图平面来使用，也可以作为参考平面来使用，基准平面是一个无限大的平面，在 UG NX 中为了查看方便，基准平面的显示大小可以自己调整。在 UG NX 中，软件给我们提供了很多种创建基准平面的方法，接下来就对一些常用的创建方法进行具体介绍。

1. 平行有一定间距创建基准面

通过平行有一定间距创建基准面需要提供一个平面参考，新创建的基准面与所选参考面平行，并且有一定的间距值。下面以创建如图 4.57 所示的基准面为例介绍平行有一定间距创建基准面的一般创建方法。

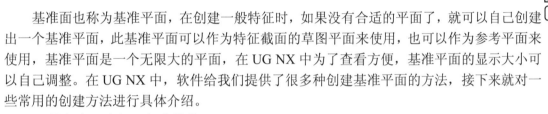

平面参考

（a）创建前　　　　　　　　　　　　（b）创建后

图 4.57　平行有一定间距基准面

步骤 1：打开文件 D:\UG12\work\ch04.09\基准面 01-ex。

步骤 2：选择命令。单击 主页 功能选项卡"特征"区域 基准平面 ·后的 ▼ 按钮，选择 基准平面 命令（或者选择下拉菜单"插入"→"基准"→"基准平面"命令），系统会弹出"基准平面"对话框。

步骤 3：选择基准平面类型。在"基准平面"对话框类型下拉列表中选择"按某一距离"类型。

步骤 4：选择参考平面。选取如图 4.57 所示的平面参考。

步骤 5：定义偏置距离。在"基准平面"对话框"偏置"区域的"距离"文本框输入偏置距离 50。

步骤 6：定义偏置方向。确认偏置方向向上。

说明：如果偏置方向不正确，则可以通过单击 ⊠ 按钮调整。

步骤 7：完成操作。在"基准平面"对话框中单击"确定"按钮，完成基准平面的定义，如图 4.57（b）所示。

2. 通过轴与面成一定角度创建基准面

通过轴与面有一定角度创建基准面需要提供一个平面参考与一个轴的参考，新创建的基准面通过所选的轴，并且与所选面成一定的夹角。下面以创建如图 4.58 所示的基准面为例介绍通过轴与面有一定角度创建基准面的一般创建方法。

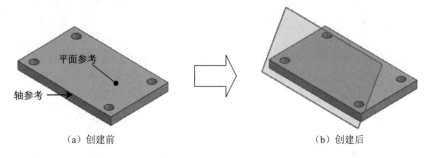

（a）创建前 　　　　　　　　（b）创建后

图 4.58　通过轴与面成一定夹角创建基准面

步骤 1：打开文件 D:\UG12\work\ch04.09\基准面 02-ex。

步骤 2：选择命令。选择下拉菜单"插入"→"基准"→"基准平面"命令，系统会弹出"基准平面"对话框。

步骤 3：选择基准平面类型。在"基准平面"对话框类型下拉列表中选择"成一定角度"类型。

步骤 4：选择平面参考。选取如图 4.58（a）所示的平面参考。

步骤 5：选择轴参考。选取如图 4.58（a）所示的轴参考。

步骤 6：定义参数。在"基准平面"对话框"角度"区域的"角度"文本框中输入角度值 60。

说明：如果角度方向不正确，则可以通过单击输入负值来调整。

步骤 7：完成操作。在"基准平面"对话框中单击"确定"按钮，完成基准平面定义，如图 4.58（b）所示。

3. 垂直于曲线创建基准面

垂直于曲线创建基准面需要提供曲线参考与一个点的参考，一般情况下点是曲线端点或者曲线上的点，新创建的基准面通过所选的点，并且与所选曲线垂直。下面以创建如图 4.59 所示的基准面为例介绍垂直于曲线创建基准面的一般创建方法。

步骤 1：打开文件 D:\UG12\work\ch04.09\基准面 03-ex。

步骤 2：选择命令。选择下拉菜单"插入"→"基准"→"基准平面"命令，系统会弹出"基准平面"对话框。

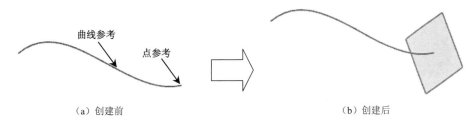

（a）创建前　　　　　　　　　　　　　　　　（b）创建后

图 4.59　垂直于曲线创建基准面

步骤 3：选择基准平面类型。在"基准平面"对话框类型下拉列表中选择"曲线和点"类型，在"子类型"下拉列表中选择"点和曲线/轴"类型。

步骤 4：选择点参考。选取如图 4.59（a）所示的点参考。

步骤 5：选择曲线参考。选取如图 4.59（a）所示的曲线参考。

说明： 曲线参考可以是草图中的直线、样条曲线、圆弧等开放对象，也可以是现有实体中的一些边线。

步骤 6：完成操作。在"基准平面"对话框中单击"确定"按钮，完成基准平面的定义，如图 4.59（b）所示。

4. 其他常用的创建基准面的方法

（1）通过两个平行平面创建基准平面，所创建的基准面在所选两个平行基准平面的中间位置，如图 4.60 所示。

（2）通过两个相交平面创建基准平面，所创建的基准面在所选两个相交基准平面的角平分位置，如图 4.61 所示。

图 4.60　通过两平行面创建基准面

图 4.61　通过相交平面创建基准面

（3）通过三点创建基准平面，所创建的基准面通过选取的 3 个点，如图 4.62 所示。

（4）通过直线和点创建基准平面，所创建的基准面通过选取的直线和点，如图 4.63 所示。

（5）通过与某一平面平行并且通过点创建基准平面，所创建的基准面通过选取的点，并且与参考平面平行，如图 4.64 所示。

（6）通过与曲面相切创建基准平面，所创建的基准面与所选曲面相切，并且还需要其他参考，例如与某个平面平行或者垂直，或者通过某个对象，如图 4.65 所示。

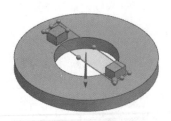

图 4.62　通过三点创建基准面

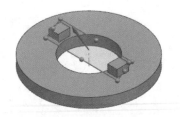

图 4.63　通过直线和点创建基准面

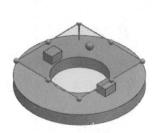

图 4.64　通过与面平行通过点创建基准面

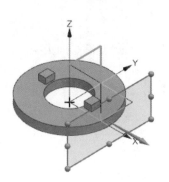

图 4.65　通过相切创建基准面

7min

4.9.3　基准轴

基准轴与基准面一样，可以作为特征创建时的参考，也可以为创建基准面、同轴放置项目及圆周阵列等提供参考。UG NX 软件给我们提供了很多种创建基准轴的方法，接下来就对一些常用的创建方法进行具体介绍。

1. 通过交点创建基准轴

通过交点创建基准轴需要提供两个平面的参考。下面以创建如图 4.66 所示的基准轴为例介绍通过交点创建基准轴的一般创建方法。

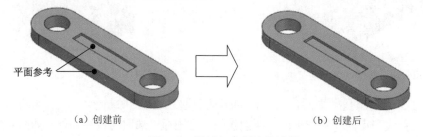

平面参考

（a）创建前　　　　　　　　　　　　　　（b）创建后

图 4.66　通过相交创建基准轴

步骤 1：打开文件 D:\UG12\work\ch04.09\基准轴-ex。

步骤 2：选择命令。单击 主页 功能选项卡"特征"区域 ▢ 基准平面 ·下的 ▼ 按钮，选择 ↑ 基准轴 命令（或者选择下拉菜单"插入"→"基准"→"基准轴"命令），系统会弹出"基准轴"对话框。

步骤3：选取类型。在"基准轴"对话框"类型"下拉列表中选择"交点"类型。

步骤4：选取参考。选取如图4.66（a）所示的两个平面参考。

步骤5：完成操作。在"基准轴"对话框中单击"确定"按钮，完成基准轴定义，如图4.66（b）所示。

2. 通过曲线/面轴创建基准轴

通过曲线/面轴创建基准轴需要提供一个曲线的参考或者圆柱面的参考。下面以创建如图4.67所示的基准轴为例介绍通过曲线/面轴创建基准轴的一般创建方法。

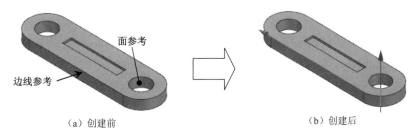

（a）创建前　　　　　　　　　（b）创建后

图4.67　通过曲线/面轴创建基准轴

步骤1：打开文件 D:\UG12\work\ch04.09\基准轴-ex。

步骤2：选择命令。选择下拉菜单"插入"→"基准"→"基准轴"命令，系统会弹出"基准轴"对话框。

步骤3：选取类型。在"基准轴"对话框"类型"下拉列表中选择"曲线/面轴"类型。

步骤4：选取曲线参考。选取如图4.67（a）所示的边线参考。

步骤5：完成操作。在"基准轴"对话框中单击"应用"按钮，完成基准轴的定义。

步骤6：选取面参考。选取如图4.67（a）所示的面参考。

步骤7：完成操作。在"基准轴"对话框中单击"确定"按钮，完成基准轴定义，如图4.67（b）所示。

3. 通过曲线上的向量创建基准轴

通过曲线上的向量创建基准轴需要提供曲线的参考，如图4.68所示。

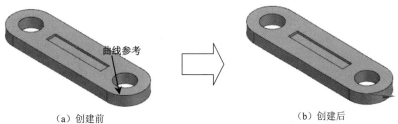

（a）创建前　　　　　　　　　（b）创建后

图4.68　通过曲线上的向量创建基准轴

4. 通过点和方向创建基准轴

通过点和方向创建基准轴需要提供点和方向的参考，如图4.69所示。

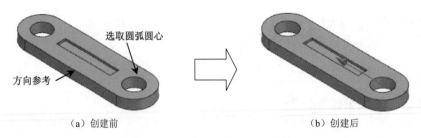

（a）创建前　　　　　　　　　　（b）创建后

图 4.69　通过点和方向创建基准轴

5. 通过两点创建基准轴

通过两点创建基准轴需要提供两个点的参考，如图 4.70 所示。

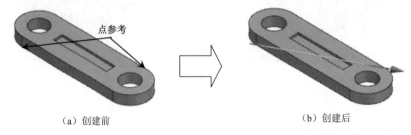

（a）创建前　　　　　　　　　　（b）创建后

图 4.70　通过两点创建基准轴

▶ 5min

4.9.4　基准点

点是最小的几何单元，由点可以得到线，由点也可以得到面，所以在创建基准轴或者基准面时，如果没有合适的点了，就可以通过基准点命令进行创建，另外基准点也可以作为其他实体特征创建的参考元素。UG NX 软件给我们提供了很多种创建基准点的方法，接下来就对一些常用的创建方法进行具体介绍。

1. 通过圆弧中心/椭圆中心/球心创建基准点

通过圆弧中心/椭圆中心/球心创建基准点需要提供一个圆弧、椭圆或者球的参考。下面以创建如图 4.71 所示的基准点为例介绍通过圆弧中心/椭圆中心/球心创建基准点的一般创建方法。

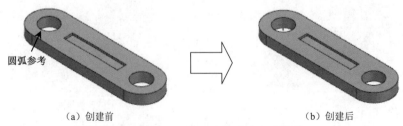

（a）创建前　　　　　　　　　　（b）创建后

图 4.71　通过圆弧中心/椭圆中心/球心创建基准点

步骤 1：打开文件 D:\UG12\work\ch04.09\基准点-ex。

步骤 2：选择命令。选择下拉菜单“插入”→“基准”→“点”命令，系统会弹出“点”

对话框。

步骤3：选取类型。在"点"对话框"类型"下拉列表中选择"圆弧中心/椭圆中心/球心"类型。

步骤4：选取圆弧参考。选取如图4.71（a）所示的圆弧参考。

步骤5：完成操作。在"点"对话框中单击"确定"按钮，完成点的定义，如图4.71（b）所示。

2. 其他创建基准点的方式

（1）通过面上的点创建基准点需要提供一个面（平面、圆弧面、曲面）的参考，然后通过给定精确的UV方向参数完成点的创建。

（2）通过端点创建基准点，可以在现有直线、圆弧、二次曲线及其他曲线的端点指定一个点位置。

（3）通过控制点创建基准点，可以在几何对象的控制点上指定一个点位置。

（4）通过圆弧/椭圆上的角度创建基准点，可以在沿着圆弧或椭圆的成角度位置指定一个点位置。软件引用从正向XC轴起的角度，并沿圆弧按逆时针方向测量它。

（5）通过象限点创建基准点，可以在圆弧或椭圆的四分点指定一个点位置。

（6）通过曲线/边上的点创建基准点，可以在曲线或边上指定一个点位置。

（7）通过两点之间创建基准点，可以在两点之间指定一个点位置。

（8）通过样条极点创建基准点，可以指定样条或曲面的极点。

（9）通过样条定义点创建基准点，可以指定样条或曲面的定义点。

4.10　抽壳特征

4.10.1　基本概述

抽壳特征是指移除一个或者多个面，然后将其余所有的模型外表面向内或者向外偏移一个相等或者不等的距离而实现的一种效果。通过对概念的学习可以总结得到抽壳的主要作用是帮助我们快速得到箱体或者壳体效果。

4.10.2　等壁厚抽壳

4min

下面以如图4.72所示的效果为例，介绍创建等壁厚抽壳的一般过程。

移除面

（a）创建前　　　　　　　　　　（b）创建后

图4.72　等壁厚抽壳

步骤 1：打开文件 D:\UG12\work\ch04.10\等壁厚抽壳-ex。

步骤 2：选择命令。单击 主页 功能选项卡"特征"区域中的 抽壳 按钮（或者选择下拉菜单"插入"→"偏置缩放"→"抽壳"命令），系统会弹出"抽壳"对话框。

步骤 3：定义类型。在"抽壳"对话框"类型"下拉列表中选择"移除面，然后抽壳"类型。

步骤 4：定义打开面（移除面）。选取如图 4.72（a）所示的移除面。

步骤 5：定义抽壳厚度参数。在"抽壳"对话框的"厚度"文本框输入抽壳的厚度值 10。

步骤 6：完成操作。在"抽壳"对话框中单击"确定"按钮，完成抽壳的创建，如图 4.72（b）所示。

4.10.3　不等壁厚抽壳

不等壁厚抽壳是指抽壳后不同面的厚度是不同的，下面以如图 4.73 所示的效果为例，介绍创建不等壁厚抽壳的一般过程。

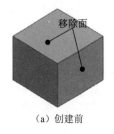
移除面

（a）创建前　　　　　　　　　　　　　　　（b）创建后

图 4.73　不等壁厚抽壳

步骤 1：打开文件 D:\UG12\work\ch04.10\不等壁厚抽壳-ex。

步骤 2：选择命令。单击 主页 功能选项卡"特征"区域中的 抽壳 按钮，系统会弹出"抽壳"对话框。

步骤 3：定义类型。在"抽壳"对话框"类型"下拉列表中选择"移除面，然后抽壳"类型。

步骤 4：定义打开面（移除面）。选取如图 4.73（a）所示的移除面。

步骤 5：定义抽壳厚度。在"抽壳"对话框"厚度"区域的"厚度"文本框中输入 5；单击激活"备选厚度"区域的"选择面"，然后选取如图 4.74 所示的面，在"备选厚度"区域的"厚度 1"文本框中输入 10（代表此面的厚度为 10）；按中键（或者单击"备选厚度"区域的 "添加新集"按钮）添加新集，选取长方体的底面，在"备选厚度"区域的"厚度 2"文本框中输入 15（代表此面的厚度为 15）。

步骤 6：完成操作。在"抽壳"对话框中单击"确定"按钮，完成抽壳的创建，如图 4.73（b）所示。

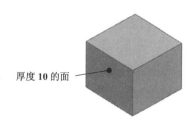

图 4.74　不等壁厚面

4.10.4　抽壳方向的控制

前面创建的抽壳方向都是向内抽壳，从而保证模型整体尺寸的不变，其实抽壳的方向也可以向外，只是需要注意，当抽壳方向向外时，模型的整体尺寸会发生变化。例如图 4.75 所示的长方体原始尺寸为 80×80×60；如果是正常的向内抽壳，假如抽壳厚度为 5，抽壳后的效果如图 4.76 所示，则此模型的整体尺寸依然是 80×80×60，中间腔槽的尺寸为 70×70×55；如果是向外抽壳，则只需在"抽壳"对话框单击"厚度"区域中的 ⊠ 按钮，假如抽壳厚度为 5，抽壳后的效果如图 4.77 所示，此模型的整体尺寸 90×90×65，中间腔槽的尺寸为 80×80×60。

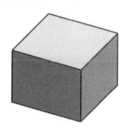　　

图 4.75　原始模型　　　　图 4.76　向内抽壳　　　　图 4.77　向外抽壳

4.10.5　抽壳的高级应用

▶ 7min

抽壳特征是一个对顺序要求比较严格的功能，同样的特征不同的顺序，对最终的结果有非常大的影响。接下来就以创建圆角和抽壳为例，来介绍不同顺序对最终效果的影响。

方法一：先圆角再抽壳

步骤 1：打开文件 D:\UG12\work\ch04.10\抽壳高级应用-ex。

步骤 2：创建如图 4.78 所示的倒圆角 1。单击 主页 功能选项卡"特征"区域中的 🔲（边倒圆）按钮，系统会弹出"边倒圆"对话框，在系统提示下选取 4 根竖直边线作为圆角对象，在"边倒圆"对话框的"半径 1"文本框中输入圆角半径值 15，单击"确定"按钮完成倒圆角 1 的创建。

步骤 3：创建如图 4.79 所示的倒圆角 2。单击 主页 功能选项卡"特征"区域中的 🔲（边倒圆）按钮，系统会弹出"边倒圆"对话框，在系统提示下选取下方任意边线作为圆角对象，在"边倒圆"对话框的"半径 1"文本框中输入圆角半径值 8，单击"确定"按钮完成倒圆角 2 的创建。

图 4.78 倒圆角 1

图 4.79 倒圆角 2

步骤 4：创建如图 4.80 所示的抽壳。单击 主页 功能选项卡"特征"区域中的 抽壳 按钮，系统会弹出"抽壳"对话框，在"抽壳"对话框"类型"下拉列表中选择"移除面，然后抽壳"类型，选取如图 4.80（a）所示的移除面，在"抽壳"对话框的"厚度"文本框输入抽壳的厚度值 5，在"抽壳"对话框中单击"确定"按钮，完成抽壳的创建，如图 4.80（b）所示。

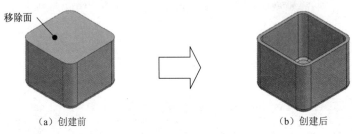

（a）创建前　　　　　　　　　　　　（b）创建后

图 4.80 抽壳

方法二：先抽壳再圆角

步骤 1：打开文件 D:\UG12\work\ch04.10\抽壳高级应用-ex。

步骤 2：创建如图 4.81 所示的抽壳。单击 主页 功能选项卡"特征"区域中的 抽壳 按钮，系统会弹出"抽壳"对话框，在"抽壳"对话框"类型"下拉列表中选择"移除面，然后抽壳"类型，选取如图 4.81（a）所示的移除面，在"抽壳"对话框的"厚度"文本框输入抽壳的厚度值 5，在"抽壳"对话框中单击"确定"按钮，完成抽壳的创建，如图 4.81（b）所示。

（a）创建前　　　　　　　　　　　　（b）创建后

图 4.81 抽壳

步骤 3：创建如图 4.82 所示的倒圆角 1。单击 主页 功能选项卡"特征"区域中的 （边倒圆）按钮，系统会弹出"边倒圆"对话框，在系统提示下选取 4 根竖直边线作为圆角对象，在"边倒圆"对话框的"半径1"文本框中输入圆角半径值15，单击"确定"按钮完成倒圆角1的创建。

步骤4：创建如图4.83所示的倒圆角2。单击 主页 功能选项卡"特征"区域中的 🔲（边倒圆）按钮，系统会弹出"边倒圆"对话框，在系统提示下选取下方外侧任意边线作为圆角对象，在"边倒圆"对话框的"半径1"文本框中输入圆角半径值8，单击"确定"按钮完成倒圆角2的创建。

图4.82　倒圆角1

图4.83　倒圆角2

总结：我们发现相同的参数，不同的操作步骤所得到的效果是截然不同的。那么出现不同结果的原因是什么呢？那是由于抽壳时保留面的数目不同而导致的，在方法一中，先做的圆角，当我们移除一个面进行抽壳时，剩下了17个面（5个平面，12个圆角面）参与抽壳偏移，从而可以得到如图4.80所示的效果；在方法二中，虽然也是移除了一个面，但由于圆角是抽壳后做的，因此剩下的面只有5个，这5个面参与抽壳进而得到如图4.81（b）所示的效果，后面再单独圆角得到如图4.83所示的效果。那么在实际使用抽壳时我们该如何合理地安排抽壳的顺序呢？一般情况下需要把要参与抽壳的特征放在抽壳特征的前面做，把不需要参与抽壳的特征放到抽壳后面做。

4.11　孔特征

4.11.1　基本概述

孔在设计过程主要用于定位配合和固定设计产品，既然有这么重要的作用，当然软件也给我们提供了很多孔的创建方法。例如简单的通孔（用于上螺钉的）、产品底座上的沉头孔（也是用于上螺钉的）、两个产品配合的锥形孔（通过用销来定位和固定的孔）、最常见的螺纹孔等，我们都可以通过软件提供的孔命令进行具体实现。

4.11.2　孔特征

使用孔特征功能创建孔特征，一般会需要以下几个步骤：
（1）选择命令。
（2）定义打孔平面。
（3）定义孔的位置。

（4）定义打孔的类型。

（5）定义孔的对应参数。

下面以如图 4.84 所示的效果为例，讲解具体创建孔特征的一般过程。

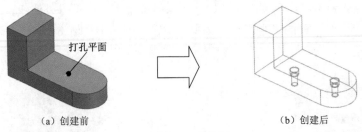

打孔平面

（a）创建前　　　　　　　　　　　　（b）创建后

图 4.84　孔特征

步骤 1：打开文件 D:\UG12\work\ch04.11\孔特征-ex。

步骤 2：选择命令。单击　主页　功能选项卡"特征"区域中的 孔 （孔）按钮，系统会弹出"孔"对话框。

步骤 3：定义打孔平面。选取如图 4.84（a）所示的模型表面作为打孔平面。

步骤 4：定义孔的位置。在打孔面上的任意位置单击，以初步确定打孔的初步位置，然后通过添加尺寸与几何约束精确地定位孔，如图 4.85 所示，单击　主页　功能选项卡"草图"区域中的 （完成）按钮退出草图环境。

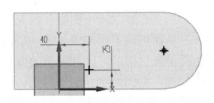

图 4.85　定义孔的位置

注意：在选择打孔面进入草图环境时，系统自动会创建一个点，点的位置与选择面的位置一致，所以如果用户想创建两个点，则只需再单击放置一个点就可以了。

步骤 5：定义孔的类型。在"孔"对话框的"类型"下拉列表中选择"常规孔"类型，在"成型"下拉列表中选择"沉头"，在"尺寸"区域的"直径"文本框输入 13，在"沉头直径"文本框中输入 25，在"沉头深度"文本框中输入 8，在"深度限制"下拉列表中选择"贯通体"。

步骤 6：完成操作。在"孔"对话框中单击"确定"按钮，完成孔的创建，如图 4.84（b）所示。

4.12　拔模特征

4.12.1　基本概述

拔模特征是指将竖直的平面或者曲面倾斜一定的角，从而得到一个斜面或者说有锥度的曲面。注塑件和铸造件往往需要一个拔模斜度才可以顺利脱模，拔模特征就是专门用来创建拔模斜面的。在 UG NX 中拔模特征主要有 5 种类型：面拔模、边拔模、与面相切拔模、分型边拔模及拔模体。

拔模中需要提前理解的关键术语如下。

拔模面：要发生倾斜角度的面。

固定面：保持固定不变的面。

拔模角度：拔模方向与拔模面之间的倾斜角度。

4.12.2　面拔模

下面以如图 4.86 所示的效果为例，介绍创建面拔模的一般过程。

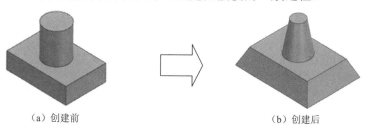

（a）创建前　　　　　　　　　　　（b）创建后

图 4.86　面拔模

步骤 1：打开文件 D:\UG12\work\ch04.12\拔模 01-ex。

步骤 2：选择命令。单击 **主页** 功能选项卡"特征"区域中的 ◈ **拔模** 按钮（或者选择下拉菜单"插入"→"细节特征"→"拔模"命令），系统会弹出"拔模"对话框。

步骤 3：定义拔模类型。在"拔模"对话框的"类型"下拉列表中选择"面"类型。

步骤 4：定义拔模方向。采用系统默认的拔模方向（Z 轴方向）。

说明：如果默认拔模方向无法满足实际需求，则可以通过激活"脱模方向"区域的"指定向量"，手动选取合适的拔模方向。

步骤 5：定义拔模固定面。在"拔模"对话框的"拔模方法"下拉列表中选择"固定面"，激活"选择固定面"，选取如图 4.87 所示的面作为固定面。

步骤 6：定义要拔模的面。在"拔模"对话框中激活"要拔模的面"区域的"选择面"，选取如图 4.88 所示的面作为拔模面。

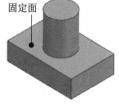

图 4.87　固定面

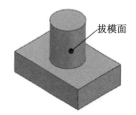

图 4.88　拔模面

步骤 7：定义拔模角度。在"拔模"对话框的"角度 1"文本框中输入拔模角度 10。

步骤 8：完成操作。在"拔模"对话框中单击"应用"按钮，完成拔模的创建，如图 4.89 所示。

步骤 9：定义拔模固定面。在"拔模"对话框的"拔模方法"下拉列表中选择"固定面"，激活"选择固定面"，选取如图 4.87 所示的面作为固定面。

步骤 10：定义要拔模的面。在"拔模"对话框中激活"要拔模的面"区域的"选择面"，选取长方体的 4 个侧面作为拔模面。

步骤 11：定义拔模角度。在"拔模"对话框的"角度 1"文本框中输入拔模角度 25。

步骤 12：完成操作。在"拔模"对话框中单击"确定"按钮，完成拔模的创建，如图 4.90 所示。

图 4.89　拔模特征 1　　　　　　　　　图 4.90　拔模特征 2

4.12.3　边拔模

下面以如图 4.91 所示的效果为例，介绍创建边拔模的一般过程。

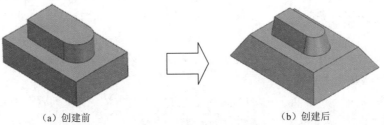

（a）创建前　　　　　　　　　　　　（b）创建后

图 4.91　边拔模

步骤 1：打开文件 D:\UG12\work\ch04.12\拔模 02-ex。

步骤 2：选择命令。单击 主页 功能选项卡"特征"区域中的 ⚙ 拔模 按钮，系统会弹出"拔模"对话框。

步骤 3：定义拔模类型。在"拔模"对话框的"类型"下拉列表中选择"边"类型。

步骤 4：定义拔模方向。采用系统默认的拔模方向（Z 轴方向）。

步骤 5：定义拔模固定边。激活"拔模"对话框中"固定边"区域的"选择边"，然后在选择过滤器下拉列表中选择"相切曲线"，选取如图 4.92 所示的边作为固定边。

步骤 6：定义拔模角度。在"拔模"对话框的"角度 1"文本框中输入拔模角度 15。

步骤 7：完成操作。在"拔模"对话框中单击"应用"按钮，完成拔模的创建，如图 4.93 所示。

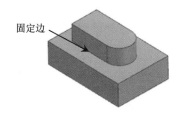

图 4.92　固定边

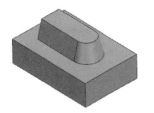

图 4.93　拔模 1

步骤 8：定义拔模固定边。激活"拔模"对话框中"固定边"区域的"选择边"，选取底部长方体上方四条外侧边线作为固定边。

步骤 9：定义拔模角度。在"拔模"对话框的"角度 1"文本框中输入拔模角度 30。

步骤 10：完成操作。在"拔模"对话框中单击"确定"按钮，完成拔模的创建，如图 4.94 所示。

图 4.94　拔模 2

4.13　筋板特征

4.13.1　基本概述

筋板顾名思义是用来加固零件的，当想要提升一个模型的承重或者抗压能力时，就可以在当前模型之上的一些特殊的位置加上一些筋板的结构。筋板的创建过程与拉伸特征比较类似，不同点在于拉伸需要一个封闭的截面，而筋板开放截面就可以了。

4.13.2　筋板特征的一般操作过程

下面以如图 4.95 所示的效果为例，介绍创建筋板特征的一般过程。

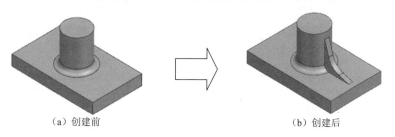

（a）创建前　　　　　　　　（b）创建后

图 4.95　筋板

步骤 1：打开文件 D:\UG12\work\ch04.13\加强筋-ex。

步骤2：选择命令。单击 主页 功能选项卡"特征"区域中"更多"下的 ▾ （更多）按钮，在"设计特征"区域选择 ◈ 筋板 命令（或者选择下拉菜单"插入"→"设计特征"→"筋板"命令），系统会弹出"筋板"对话框。

步骤3：定义筋板截面轮廓。在系统提示下选取"ZX 平面"作为草图平面，绘制如图4.96所示的截面草图，单击 ▨ 按钮退出草图环境。

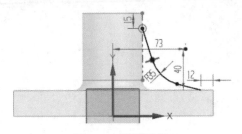

图4.96　截面轮廓

步骤4：定义筋板参数。在"筋板"对话框"壁："区域选中 ◉ 平行于剖切平面 单选项，确认筋板方向朝向实体，在 维度 下拉列表中选择"对称"，在 厚度 文本框输入筋板厚度10，其他参数采用默认。

注意：如果筋板的材料生成方向不是朝向实体的，用户则可以通过单击 反转筋板侧 后的 ☒ 按钮调整。

步骤5：完成创建。单击"筋板"对话框中的"确定"按钮，完成筋板的创建，如图4.95（b）所示。

"筋板"对话框部分选项说明如下。

（1）◉ 平行于剖切平面 单选项：用于沿平行于草图的方向添加材料生成加强筋，如图 4.97（a）所示。

（2）◉ 垂直于剖切平面 单选项：用于沿垂直于草图的方向添加材料生成加强筋，如图 4.97（b）所示。

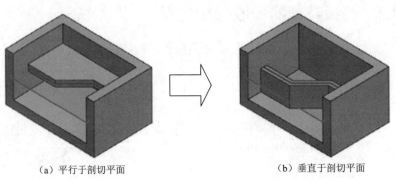

（a）平行于剖切平面　　　　　　　　　　　（b）垂直于剖切平面

图4.97　方向

4.14　扫掠特征

4.14.1　基本概述

扫掠特征是指将截面轮廓沿着我们给定的曲线路径掠过而得到的一个实体效果。通过对概念的学习可以总结得到，要想得到一个扫掠特征就需要有两大要素作为支持：一是截面轮廓，二是曲线路径。

注意：扫掠的截面轮廓可以是一个也可以是多个；扫掠的路径在 UG 中称为引导线，引导线可以是一条、两条或者三条。

4.14.2　扫掠特征的一般操作过程

下面以如图 4.98 所示的效果为例，介绍创建扫掠特征的一般过程。

▶ 14min

图 4.98　扫掠特征

步骤 1：新建文件。选择"快速访问工具条"中的 命令，在"新建"对话框中选择"模型"模板，在名称文本框输入"扫掠"，将工作目录设置为 D:\UG12\work\ch04.14\，然后单击"确定"按钮进入零件建模环境。

步骤 2：绘制如图 4.99 所示的扫掠引导线。单击 主页 功能选项卡"直接草图"区域中的 按钮，系统会弹出"创建草图"对话框，在系统提示下，选取"XY 平面"作为草图平面，绘制如图 4.100 所示的草图。

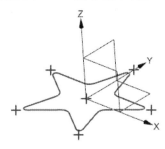

图 4.99　扫掠引导线

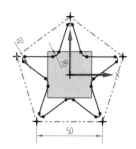

图 4.100　引导线草图

步骤 3：绘制如图 4.101 所示的扫掠截面。单击 主页 功能选项卡"直接草图"区域中的 按钮，系统会弹出"创建草图"对话框，在系统提示下，选取"ZY 平面"作为草图平面，绘制如图 4.102 所示的草图。

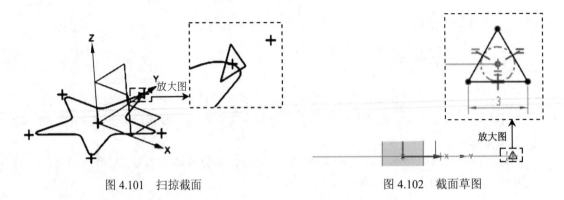

图 4.101　扫掠截面　　　　　　　　　图 4.102　截面草图

注意：截面轮廓的中心与扫掠引导线需要添加重合，用户需要通过添加圆心和交点的重合实现，通过软件提供的交点功能创建曲线和草绘平面的交点。

步骤 4：选择命令。单击 **曲面** 功能选项卡"曲面"区域中的 ⬦扫掠 （扫掠）按钮，（或者选择下拉菜单"插入"→"扫掠"→"扫掠"命令），系统会弹出"扫掠"对话框。

步骤 5：定义扫掠截面。选取如图 4.102 所示的三角形作为扫掠截面。

步骤 6：定义扫掠引导线。激活"扫掠"对话框"引导线"区域的"选择曲线"，选取如图 4.100 所示的五角形作为扫掠引导线。

注意：选取截面与引导线时需要将过滤器设置为"相连曲线"。

步骤 7：设置扫掠参数。在"扫掠"对话框的"截面选项"区域选中"保留形状"复选框，其他参数采用系统默认。

步骤 8：完成创建。单击"扫掠"对话框中的"确定"按钮，完成扫掠的创建，如图 4.98 所示。

注意：创建扫掠特征时必须遵循以下规则。

（1）对于扫掠凸台，截面需要封闭。

（2）引导线可以是开环也可以是闭环。

（3）引导线可以是一个草图或者模型边线。

（4）引导线不能自相交。

（5）引导线的起点必须位于轮廓所在的平面上。

（6）相对于轮廓截面的大小，引导线的弧或样条半径不能太小，否则扫掠特征在经过该弧时会由于自身相交而出现特征生成失败。

4.14.3　多截面扫掠的一般操作过程

▶ 2min

下面以如图 4.103 所示的效果为例，介绍创建多截面扫掠的一般过程。

步骤 1：打开文件 D:\UG12\work\ch04.14\扫掠 02-ex。

步骤 2：选择命令。单击 **曲面** 功能选项卡"曲面"区域中的 ⬦扫掠 （扫掠）按钮，系统会弹出"扫掠"对话框。

（a）扫掠前　　　　　　　　　　　　　　（b）扫掠后

图 4.103　多截面扫掠

步骤 3：定义扫掠截面。在绘图区选取如图 4.104 所示的圆 1 作为第 1 个截面，按中键确认，选取如图 4.104 所示的圆 2 作为第 2 个截面。

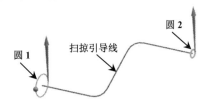

图 4.104　扫掠截面与引导线

注意：选取截面后需要保证箭头与位置一致，如图 4.104 所示。

步骤 4：定义扫掠引导线。激活"扫掠"对话框"引导线"区域的"选择曲线"，选取如图 4.104 所示的对象作为扫掠引导线。

步骤 5：完成创建。单击"扫掠"对话框中的"确定"按钮，完成扫掠的创建，如图 4.103（b）所示。

4.15　通过曲线组特征

4.15.1　基本概述

通过曲线组特征是指将一组不同的截面沿着其边线用一个过渡曲面的形式连接形成一个连续的特征。通过对概念的学习可以总结得到，要想创建通过曲线组特征我们只需提供一组不同的截面。

注意：一组不同截面要求数量至少为两个，不同的截面需要绘制在不同的草绘平面。

4.15.2　通过曲线组特征的一般操作过程

9min

下面以如图 4.105 所示的效果为例，介绍创建通过曲线组特征的一般过程。

步骤 1：新建文件。选择"快速访问工具条"中的 命令，在"新建"对话框中选择"模型"模板，在名称文本框输入"通过曲线组 01"，将工作目录设置为 D:\UG12\work\ch04.15\，然后单击"确定"按钮进入零件建模环境。

图 4.105　通过曲线组特征

步骤 2：绘制截面 1。单击 主页 功能选项卡"直接草图"区域中的 按钮，系统会弹出"创建草图"对话框，在系统提示下，选取"YZ 平面"作为草图平面，绘制如图 4.106 所示的草图。

步骤 3：创建基准面 1。单击 主页 功能选项卡"特征"区域 基准平面 后的 按钮，选择 基准平面 命令，在类型下拉列表中选择"按某一距离"类型，选取 YZ 平面作为参考平面，在"偏置"区域的"距离"文本框输入偏置距离 100，单击"确定"按钮，完成基准平面的定义，如图 4.107 所示。

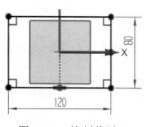

图 4.106　绘制截面 1

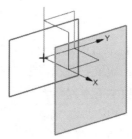

图 4.107　基准面 1

步骤 4：绘制截面 2。单击 主页 功能选项卡"直接草图"区域中的 按钮，系统会弹出"创建草图"对话框。在系统提示下，选取"基准面 1"作为草图平面，绘制如图 4.108 所示的草图。

步骤 5：创建基准面 2。单击 主页 功能选项卡"特征"区域 基准平面 后的 按钮，选择 基准平面 命令，在类型下拉列表中选择"按某一距离"类型，选取基准面 1 作为参考平面，在"偏置"区域的"距离"文本框输入偏置距离 100，单击"确定"按钮，完成基准平面的定义，如图 4.109 所示。

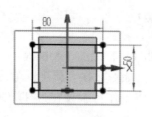

图 4.108　绘制截面 2

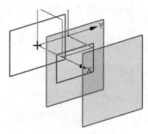

图 4.109　基准面 2

步骤 6：绘制截面 3。单击 主页 功能选项卡"直接草图"区域中的 按钮，系统会弹出"创建草图"对话框。在系统提示下，选取"基准面 2"作为草图平面，绘制如图 4.110 所示的草图。

注意：通过投影曲线复制截面 1 中的矩形。

步骤 7：创建基准面 3。单击 主页 功能选项卡"特征"区域 基准平面 ·后的 ▼ 按钮，选择 基准平面 命令，在类型下拉列表中选择"按某一距离"类型，选取基准面 2 作为参考平面，在"偏置"区域的"距离"文本框输入偏置距离 100，单击"确定"按钮，完成基准平面的定义，如图 4.111 所示。

步骤 8：绘制截面 4。单击 主页 功能选项卡"直接草图"区域中的 按钮，系统会弹出"创建草图"对话框。在系统提示下，选取"基准面 3"作为草图平面，绘制如图 4.112 所示的草图。

注意：通过投影曲线复制截面 2 中的矩形。

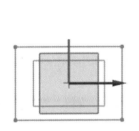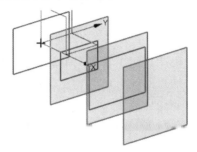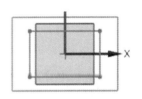

图 4.110　绘制截面 3　　　　图 4.111　基准面 3　　　　图 4.112　绘制截面 4

步骤 9：选择命令。单击 曲面 功能选项卡"曲面"区域中的 通过曲线组 按钮（或者选择下拉菜单"插入"→"网格曲面"→"通过曲线组"命令），系统会弹出"通过曲线组"对话框。

步骤 10：定义通过曲线组截面。在绘图区选取截面 1、截面 2、截面 3 与截面 4。

说明：在选取第 1 个截面后需要按中键确认后再选取第 2 个截面。

注意：在选取截面轮廓时要靠近统一的位置进行选取，保证起始点的统一，如图 4.113 所示，如果起始点不统一就会出现如图 4.114 所示的扭曲的情况。

图 4.113　起始点统一　　　　　　　　　　图 4.114　起始点不统一

步骤 11：定义通过曲线组参数。在"通过曲线组"对话框"对齐"区域选中"保留形状"复选框，其他参数采用系统默认。

步骤 12：完成创建。单击"通过曲线组"对话框中的"确定"按钮，完成通过曲线组的创建。

4.15.3 截面不类似的通过曲线组

下面以如图 4.115 所示的效果为例，介绍创建截面不类似的通过曲线组的一般过程。

图 4.115　截面不类似的通过曲线组

步骤 1：新建文件。选择"快速访问工具条"中的 □ 命令，在"新建"对话框中选择"模型"模板，在名称文本框输入"通过曲线组 02"，将工作目录设置为 D:\UG12\work\ch04.15\，然后单击"确定"按钮进入零件建模环境。

步骤 2：绘制截面 1。单击 主页 功能选项卡"直接草图"区域中的 ⿳ 按钮，系统会弹出"创建草图"对话框，在系统提示下，选取"XY 平面"作为草图平面，绘制如图 4.116 所示的草图。

步骤 3：创建基准面 1。单击 主页 功能选项卡"特征"区域 □ 基准平面 ·后的 ▾ 按钮，选择 □ 基准平面 命令，在类型下拉列表中选择"按某一距离"类型，选取 XY 平面作为参考平面，在"偏置"区域的"距离"文本框输入偏置距离 100，单击"确定"按钮，完成基准平面的定义，如图 4.117 所示。

步骤 4：绘制截面 2。单击 主页 功能选项卡"直接草图"区域中的 ⿳ 按钮，系统会弹出"创建草图"对话框，在系统提示下，选取"基准面 1"作为草图平面，绘制如图 4.118 所示的草图。

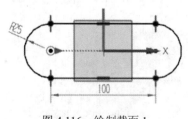

图 4.116　绘制截面 1

图 4.117　基准面 1

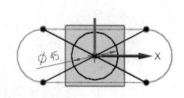

图 4.118　绘制截面 2

步骤 5：创建如图 4.119 所示的拉伸 1。单击 主页 功能选项卡"特征"区域中的 ▥ 拉伸 ·

按钮，选取步骤 2 创建的截面作为拉伸草图；在"拉伸"对话框"限制"区域的"结束"下拉列表中选择 🔟 值 选项，在"距离"文本框中输入深度值 100；单击 ✖ 按钮调整拉伸的方向，单击"确定"按钮，完成拉伸 1 的创建。

步骤 6：创建如图 4.120 所示的拉伸 2。单击 主页 功能选项卡"特征"区域中的 🔟 拉伸 ·（拉伸）按钮，选取步骤 4 创建草图中的圆作为拉伸草图；在"拉伸"对话框"限制"区域的"结束"下拉列表中选择 🔟 值 选项，在"距离"文本框中输入深度值 30；在"布尔"区域的下拉列表中选择"无"；单击"确定"按钮，完成拉伸 2 的创建。

注意：在选取截面轮廓时要将选择过滤器设置为"单条曲线"类型。

图 4.119　拉伸 1　　　　　　　　　　　　　　图 4.120　拉伸 2

步骤 7：创建如图 4.121 所示的通过曲线组。

（1）选择命令。单击 曲面 功能选项卡"曲面"区域中的 🔟 通过曲线组 按钮，系统会弹出"通过曲线组"对话框。

（2）定义通过曲线组截面 1。在绘图区选取如图 4.122 所示的截面 1，确认箭头位置和方向与图 4.122 一致，然后按中键确认。

注意：在选取截面轮廓时要将选择过滤器设置为"相连曲线"类型。

图 4.121　通过曲线组特征　　　　　　　　　图 4.122　截面 1

（3）定义通过曲线组截面 2。在选择过滤器中选择"单条曲线"，然后在绘图区选取如图 4.123 所示的截面 2，确认箭头方向与图 4.123 一致（如果方向不一致，则可以通过双击方向箭头调整）。

（4）定义对齐方法。在"通过曲线组"对话框的"对齐"区域的"对齐"下拉列表中选择"根据点"，此时效果如图 4.124 所示。

（5）添加定位点。在如图 4.125 所示点位置单击添加一个定位点。

图 4.123　截面 2

图 4.124　根据点对齐

（6）调整定位点。在如图 4.126 所示的定位点 1 上单击，然后将选择过滤器中的↑"交点"捕捉打开，选取如图 4.126 所示的交点，此时定位点将调整到交点处，效果如图 4.127 所示；采用相同的方法调整其余点的位置，调整完成后如图 4.128 所示。点位置单击添加一个定位点。

图 4.125　添加定位点

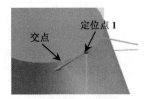

图 4.126　定位点 1

图 4.127　调整定位点 1

图 4.128　调整其他定位点

（7）定义连续性参数。在"通过曲线组"对话框的"连续性"区域的"第 1 个截面"的下拉列表中选择"G1 相切"，然后依次选取步骤 5 所创建拉伸的 4 个侧面（读者可通过将选择过滤器设置为"相切面"快速选取）作为相切参考；在"最后一个截面"的下拉列表中选择"G1 相切"，然后选取步骤 6 所创建拉伸的圆柱面作为相切参考，此时的效果如图 4.129 所示。

（8）定义其他参数。在"通过曲线组"对话框的"连续性"区域的"流向"下拉列表中选择"垂直"，选中"对齐"区域中的"保留形状"复选框，在"输出曲面选项"区域的"补片类型"下拉列表中选择"单侧",其他参数均采用默认,效果如图 4.130 所示。

(9) 完成操作。在"通过曲线组"对话框中单击"确定"按钮,完成操作。

图 4.129 定义连续性　　　　　　　　　图 4.130 定义其他参数

步骤 8:创建布尔求和。单击 主页 功能选项卡"特征"区域中的 合并 ▾按钮,系统会弹出"合并"对话框,在系统"选择目标体"的提示下,选取步骤 6 创建的圆柱体作为目标体,在系统"选择工具体"的提示下,选取步骤 5 与步骤 7 创建的两个体作为工具体,在"合并"对话框的"设置"区域中取消选中"保存目标"与"保存工具"复选框,在"合并"对话框中单击"确定"按钮完成操作。

4.16 镜像特征

4.16.1 基本概述

镜像特征是指将用户所选的源对象相对于某个镜像中心平面进行对称复制,从而得到源对象的一个副本。通过对概念的学习可以总结得到,要想创建镜像特征就需要有两大要素作为支持:一是源对象,二是镜像中心平面。

说明:镜像特征的源对象可以是单个特征、多个特征或者体;镜像特征的镜像中心平面可以是系统默认的 3 个基准平面、现有模型的平面表面或者自己创建的基准平面。

4.16.2 镜像特征的一般操作过程

▶ 4min

下面以如图 4.131 所示的效果为例,讲解具体创建镜像特征的一般过程。

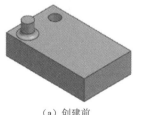 

(a) 创建前　　　　　　图 4.131 镜像特征　　　　　　(b) 创建后

步骤 1:打开文件 D:\UG12\work\ch04.16\镜像 01-ex。

步骤2：选择命令。选择下拉菜单"插入"→"关联复制"→"镜像特征"命令，系统会弹出"镜像特征"对话框。

步骤3：选择要镜像的特征。按 Ctrl 键在部件导航器或者绘图区选取"拉伸2""边倒圆3"及"拉伸4"作为要镜像的特征。

步骤4：选择镜像中心平面。在"镜像特征"对话框"镜像平面"区域的"平面"下拉列表中选择"现有平面"，激活"选择平面"，选取"YZ 平面"作为镜像平面。

步骤5：完成创建。单击"镜像特征"对话框中的"确定"按钮，完成镜像特征的创建，如图 4.131（b）所示。

说明：镜像后的源对象的副本与源对象之间是有关联的，也就是说当源对象发生变化时，镜像后的副本也会发生相应变化。

4.16.3 镜像体的一般操作过程

下面以如图 4.132 所示的效果为例，介绍创建镜像体的一般过程。

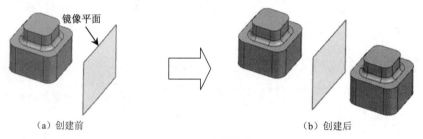

镜像平面

（a）创建前　　　　　　　　　　　　（b）创建后

图 4.132　镜像体

步骤1：打开文件 D:\UG12\work\ch04.16\镜像 02-ex。

步骤2：选择命令。选择下拉菜单"插入"→"关联复制"→"镜像几何体"命令，系统会弹出"镜像几何体"对话框。

步骤3：选择要镜像的体。在"镜像几何体"对话框中激活 要镜像的几何体 区域中的"选择对象"，然后在绘图区域选取整个实体作为要镜像的对象。

步骤4：选择镜像中心平面。在"镜像几何体"对话框"镜像平面"区域激活"选择平面"，选取如图 4.132（a）所示的基准面为镜像平面。

步骤5：完成创建。单击"镜像几何体"对话框中的"确定"按钮，完成镜像几何体的创建，如图 4.132（b）所示。

4.17　阵列特征

4.17.1　基本概述

阵列特征主要用来快速得到源对象的多个副本。接下来就通过对比镜像特征与阵列特征之间的相同与不同之处来理解阵列特征的基本概念，首先总结相同之处：第一点是它们的作用，这两个特征都用来得到源对象的副本，因此在作用上是相同的；第二点是所需要的源对象，我们都知道镜像特征的源对象可以是单个特征、多个特征或者体，同样地，阵列特征的源对象也是如此。接下来总结不同之处：第一点，我们都知道镜像是由一个源对象镜像复制得到一个副本；这是镜像的特点，而阵列是由一个源对象快速得到多个副本；第二点是由镜像所得到的源对象的副本与源对象之间是关于镜像中心面对称的，而阵列所得到的多个副本，软件根据不同的排列规律向用户提供了多种不同的阵列方法，这其中就包括线性阵列、圆形阵列、多边形阵列、螺旋阵列、沿曲线阵列等。

4.17.2　线性阵列

下面以如图 4.133 所示的效果为例，介绍创建线性阵列的一般过程。

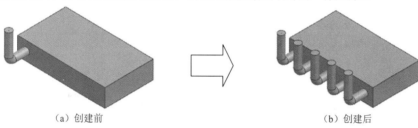

（a）创建前　　　　　　　　　　　（b）创建后

图 4.133　线性阵列

步骤 1：打开文件 D:\UG12\work\ch04.17\线性阵列-ex。

步骤 2：选择命令。单击 主页 功能选项卡"特征"区域中的 阵列特征 按钮（或者选择下拉菜单"插入"→"关联复制"→"阵列特征"命令），系统会弹出"阵列特征"对话框。

步骤 3：定义阵列类型。在"阵列特征"对话框"阵列定义"区域的"布局"下拉列表中选择"线性"。

步骤 4：选取阵列源对象。选取如图 4.134 所示的特征作为阵列的源对象。

步骤 5：定义阵列参数。在"阵列特征"对话框"方向 1"区域激活"指定向量"，选取如图 4.134 所示的边线（靠近右侧选取），方向如图 4.135 所示，在"间距"下拉列表中选择"数量和间隔"，在"数量"文本框中输入 5，在"间隔"文本框中输入 40。

说明：如果方向不对，则可以通过单击 ☒ 按钮进行调整。

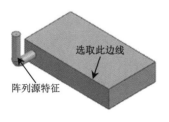

图 4.134　阵列对象

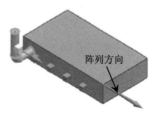

图 4.135　阵列方向

3min

步骤 6：完成创建。单击"阵列特征"对话框中的"确定"按钮，完成阵列特征的创建，如图 4.133（b）所示。

4.17.3　圆形阵列

下面以如图 4.136 所示的效果为例，介绍创建圆形阵列的一般过程。

（a）创建前　　　　　　　　　　　　　　　　　　（b）创建后

图 4.136　圆形阵列

步骤 1：打开文件 D:\UG12\work\ch04.17\圆形阵列-ex。

步骤 2：选择命令。单击 主页 功能选项卡"特征"区域中的 ⚙ 阵列特征 按钮，系统会弹出"阵列特征"对话框。

步骤 3：定义阵列类型。在"阵列特征"对话框"阵列定义"区域的"布局"下拉列表中选择"圆形"。

步骤 4：选取阵列源对象。选取如图 4.137 所示阵列源特征作为阵列的源对象。

步骤 5：定义阵列参数。在"阵列特征"对话框的"旋转轴"区域激活"指定向量"，选取如图 4.137 所示的圆柱面，在"间距"下拉列表中选择"数量和跨距"，在"数量"文本框中输入 5，在"跨角"文本框中输入 360。

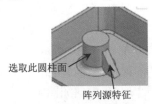

选取此圆柱面

阵列源特征

图 4.137　阵列源对象

步骤 6：完成创建。单击"阵列特征"对话框中的"确定"按钮，完成阵列特征的创建，如图 4.136（b）所示。

4.17.4　沿曲线驱动阵列

4min

下面以如图 4.138 所示的效果为例，介绍创建沿曲线驱动阵列的一般过程。

步骤 1：打开文件 D:\UG12\work\ch04.17\沿曲线阵列-ex。

步骤 2：选择命令。单击 主页 功能选项卡"特征"区域中的 ⚙ 阵列特征 按钮，系统会弹出"阵列特征"对话框。

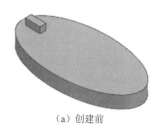

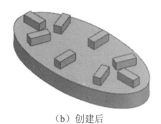

（a）创建前　　　　　　　　　　　　（b）创建后

图 4.138　沿曲线阵列

步骤 3：定义阵列类型。在"阵列特征"对话框"阵列定义"区域的"布局"下拉列表中选择"沿"。

步骤 4：选取阵列源对象。选取如图 4.139 所示的"拉伸 2"作为阵列源对象。

步骤 5：定义沿曲线参数。在"阵列特征"对话框"阵列定义"区域的"路径方法"下拉列表中选择"偏置"，激活"选择路径"，选取如图 4.139 所示的椭圆边线作为路径，在"间距"下拉列表中选择"数量和跨距"，在"数量"文本框中输入 8，在"位置"下拉列表中选择"弧长百分比"，在"跨距百分比"文本框中输入 100，其他参数采用默认。

步骤 6：定义参考点。单击"阵列特征"对话框"参考点"区域的 ⋮ （点对话框）按钮，系统会弹出"点"对话框，在"类型"下拉列表中选择"圆弧/椭圆上的角度"类型，选取如图 4.139 所示的椭圆边线，在"曲线上的角度"区域的"角度"文本框输入 180，效果如图 4.140 所示，单击"确定"按钮。

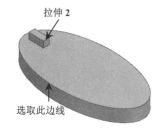

图 4.139　源对象与曲线参考

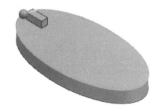

图 4.140　参考点

步骤 7：完成创建。单击"阵列特征"对话框中的"确定"按钮，完成阵列特征的创建，如图 4.138（b）所示。

4.18　零件设计综合应用案例：发动机

▶ 20min

案例概述：

本案例介绍发动机的创建过程，主要使用拉伸、基准、孔及镜像等，本案例的创建相对比较简单，希望读者通过对该案例的学习掌握创建模型的一般方法，熟练掌握常用的建模功能。该模型及部件导航器如图 4.141 所示。

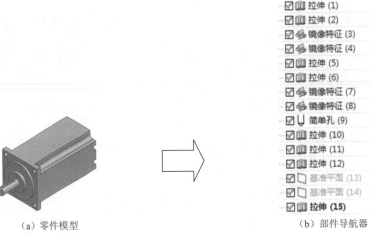

（a）零件模型 （b）部件导航器

图 4.141 零件模型及部件导航器

步骤 1：新建文件。选择"快速访问工具条"中的 命令，在"新建"对话框中选择"模型"模板，在名称文本框输入"发动机"，将工作目录设置为 D:\UG12\work\ch04.18\，然后单击"确定"按钮进入零件建模环境。

步骤 2：创建如图 4.142 所示的拉伸 1。单击 主页 功能选项卡"特征"区域中的 拉伸 、（拉伸）按钮，在系统提示下选取"ZX 平面"作为草图平面，绘制如图 4.143 所示的草图；在"拉伸"对话框"限制"区域的"终点"下拉列表中选择 值 选项，在"距离"文本框中输入深度值 96；单击"确定"按钮，完成拉伸 1 的创建。

图 4.142 拉伸 1

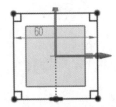

图 4.143 截面草图

步骤 3：创建如图 4.144 所示的拉伸 2。单击 主页 功能选项卡"特征"区域中的 拉伸 、（拉伸）按钮，在系统提示下选取如图 4.142 所示的模型表面作为草图平面，绘制如图 4.145 所示的草图；在"拉伸"对话框"限制"区域的"结束"下拉列表中选择 贯通 选项，在"布尔"下拉列表中选择"减去"；单击"方向"区域的 按钮调整拉伸方向；单击"确定"按钮，完成拉伸 2 的创建。

步骤 4：创建如图 4.146 所示的镜像 1。选择下拉菜单"插入"→"关联复制"→"镜像特征"命令，系统会弹出"镜像特征"对话框，选取步骤 3 创建的拉伸 2 作为要镜像的特征，在"镜像平面"区域的"平面"下拉列表中选择"现有平面"，激活"选择平面"，选取"YZ 平面"作为镜像平面，单击"确定"按钮，完成镜像特征的创建。

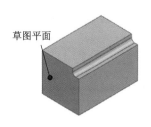

图 4.144　拉伸 2

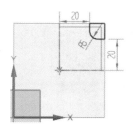

图 4.145　截面草图

步骤 5：创建如图 4.147 所示的镜像 2。选择下拉菜单"插入"→"关联复制"→"镜像特征"命令，系统会弹出"镜像特征"对话框，选取"拉伸 2"与"镜像 1"作为要镜像的特征，在"镜像平面"区域的"平面"下拉列表中选择"现有平面"，激活"选择平面"，选取"XY 平面"作为镜像平面，单击"确定"按钮，完成镜像特征的创建。

图 4.146　镜像 1

图 4.147　镜像 2

步骤 6：创建如图 4.148 所示的拉伸 3。单击　主页　功能选项卡"特征"区域中的　拉伸　（拉伸）按钮，在系统提示下选取如图 4.149 所示的模型表面作为草图平面，绘制如图 4.150 所示的草图；在"拉伸"对话框"限制"区域的"结束"下拉列表中选择　值　选项，在"距离"文本框中输入深度值 6，在"布尔"下拉列表中选择"合并"；单击"确定"按钮，完成拉伸 3 的创建。

图 4.148　拉伸 3

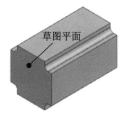

图 4.149　草图平面

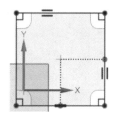

图 4.150　截面草图

步骤 7：创建如图 4.151 所示的拉伸 4。单击　主页　功能选项卡"特征"区域中的　拉伸　（拉伸）按钮，在系统提示下选取如图 4.152 所示的模型表面作为草图平面，绘制如图 4.153 所示的草图；在"拉伸"对话框"限制"区域的"结束"下拉列表中选择　值　选项，在"距离"文本框中输入深度值 4，在"布尔"下拉列表中选择"减去"；单击"方向"区域的　⊠按钮调整拉伸方向；单击"确定"按钮，完成拉伸 4 的创建。

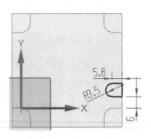

图 4.151　拉伸 4　　　　　　图 4.152　草图平面　　　　　　图 4.153　截面草图

步骤 8：创建如图 4.154 所示的镜像 3。选择下拉菜单"插入"→"关联复制"→"镜像特征"命令，系统会弹出"镜像特征"对话框，选取步骤 7 创建的拉伸 4 作为要镜像的特征，在"镜像平面"区域的"平面"下拉列表中选择"现有平面"，激活"选择平面"，选取"XY 平面"作为镜像平面，单击"确定"按钮，完成镜像特征的创建。

步骤 9：创建如图 4.155 所示的镜像 4。选择下拉菜单"插入"→"关联复制"→"镜像特征"命令，系统会弹出"镜像特征"对话框，选取"拉伸 4"与"镜像 3"作为要镜像的特征，在"镜像平面"区域的"平面"下拉列表中选择"现有平面"，激活"选择平面"，选取"YZ 平面"作为镜像平面，单击"确定"按钮，完成镜像特征的创建。

图 4.154　镜像 3　　　　　　　　　　图 4.155　镜像 4

步骤 10：创建如图 4.156 所示的孔 1。单击 主页 功能选项卡"特征"区域中的 🔘孔按钮，系统会弹出"孔"对话框，选取如图 4.157 所示的模型表面作为打孔平面，在打孔面上任意位置单击（4 个点），以初步确定打孔的位置，然后通过添加辅助线、尺寸与几何约束确定精确定位孔，如图 4.158 所示，单击 主页 功能选项卡"草图"区域中的🏁（完成）按钮退出草图环境；在"孔"对话框的"类型"下拉列表中选择"常规孔"类型，在"形状和尺寸"区域的"成型"下拉列表中选择"简单孔"，在"直径"文本框中输入 5.5，在"深

图 4.156　孔 1　　　　　　图 4.157　打孔平面　　　　　　图 4.158　定义孔的位置

度限制"下拉列表中选择"贯通体";在"孔"对话框中单击"确定"按钮,完成孔的创建。

步骤11:创建如图4.159所示的拉伸5。单击 主页 功能选项卡"特征"区域中的 ⬚ 拉伸·(拉伸)按钮,在系统提示下选取如图4.160所示的模型表面作为草图平面,绘制如图4.161所示的草图;在"拉伸"对话框"限制"区域的"结束"下拉列表中选择 ⬚ 值 选项,在"距离"文本框中输入深度值 3,在"布尔"下拉列表中选择"合并";单击"确定"按钮,完成拉伸5的创建。

图4.159　拉伸5

图4.160　草图平面

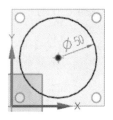
图4.161　截面草图

步骤12:创建如图4.162所示的拉伸6。单击 主页 功能选项卡"特征"区域中的 ⬚ 拉伸·按钮,在系统提示下选取如图4.163所示的模型表面作为草图平面,绘制如图4.164所示的草图;在"拉伸"对话框"限制"区域的"结束"下拉列表中选择 ⬚ 值 选项,在"距离"文本框中输入深度值 4,在"布尔"下拉列表中选择"合并";单击"确定"按钮,完成拉伸6的创建。

图4.162　拉伸6

图4.163　草图平面

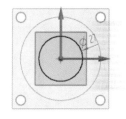
图4.164　截面草图

步骤13:创建如图4.165所示的拉伸7。单击 主页 功能选项卡"特征"区域中的 ⬚ 拉伸·(拉伸)按钮,在系统提示下选取如图4.166所示的模型表面作为草图平面,绘制如图4.167所示的草图;在"拉伸"对话框"限制"区域的"结束"下拉列表中选择 ⬚ 值

图4.165　拉伸7

图4.166　草图平面

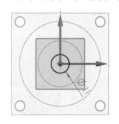
图4.167　截面草图

选项，在"距离"文本框中输入深度值 27，在"布尔"下拉列表中选择"合并"；单击"确定"按钮，完成拉伸 7 的创建。

步骤 14：创建如图 4.168 所示的基准面 1。选择下拉菜单"插入"→"基准"→"基准平面"命令，系统会弹出"基准平面"对话框；在"基准平面"对话框类型下拉列表中选择"相切"类型，在"子类型"下拉列表中选择"与平面成一定角度"，选取步骤 13 创建的圆柱面作为相切参考，选取"XY 平面"作为角度参考，在"角度"区域的"角度选项"下拉列表中选择"平行"，其他参数采用默认，单击"确定"按钮，完成基准面 1 的创建。

（a）三维效果

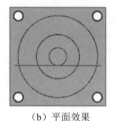
（b）平面效果

图 4.168　基准面 1

步骤 15：创建如图 4.169 所示的基准面 2。选择下拉菜单"插入"→"基准"→"基准平面"命令，系统会弹出"基准平面"对话框；在"基准平面"对话框类型下拉列表中选择"按某一距离"类型，选取步骤 14 创建的基准平面 1 作为参考，在"偏置"区域的"距离"文本框输入 8，单击 ⊠ 按钮调整方向，其他参数采用默认，单击"确定"按钮，完成基准面 2 的创建。

（a）三维效果
（b）平面效果

图 4.169　基准面 2

步骤 16：创建如图 4.170 所示的拉伸 8。单击　主页　功能选项卡"特征"区域中的 📄 拉伸·（拉伸）按钮，在系统提示下选取步骤 15 创建的基准平面 2 作为草图平面，绘制如图 4.171 所示的草图；在"拉伸"对话框"限制"区域的"结束"下拉列表中选择 🔲 贯通

图 4.170　拉伸 8

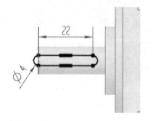
图 4.171　截面草图

选项，方向朝上，在"布尔"下拉列表中选择"减去"；单击"确定"按钮，完成"拉伸8"的创建。

步骤17：保存文件。选择"快速访问工具栏"中的"保存"命令，完成保存操作。

4.19　上机实操

上机实操1：连接臂完成后的效果如图 4.172 所示。

图 4.172　上机实操 1

上机实操2：QQ 企鹅造型完成后的效果如图 4.173 所示。

上机实操3：转向摇臂完成后的效果如图 4.174 所示。

图 4.173　上机实操 2

图 4.174　上机实操 3

第 5 章

UG NX 钣金设计

5.1　钣金设计入门

5.1.1　钣金设计概述

钣金件是指利用金属的可塑性，针对金属薄板，通过折弯、冲裁及成型等工艺，制造出单个钣金零件，然后通过焊接、铆接等装配成的钣金产品。

钣金零件的特点：

（1）同一零件的厚度一致。

（2）在钣金壁与钣金壁的连接处是通过折弯连接的。

（3）质量轻、强度高、导电、成本低。

（4）大规模量产性能好、材料利用率高。

学习钣金零件特点的作用：判断一个零件是否是一个钣金零件，只有同时符合前两个特点的零件才是一个钣金零件，我们才可以通过钣金的方式来具体实现，否则不可以。

正是由于有这些特点的存在，所以钣金件的应用非常普遍，钣金被广泛地应用于各种不同行业中，例如机械、电子、电器、通信、汽车工业、医疗机械、仪器仪表、航空航天、机电设备的支撑（电气控制柜）及护盖（机床外围护盖）等。在一些特殊的金属制品中，钣金件可以占到80%左右，几种常见的钣金零件如图5.1所示。

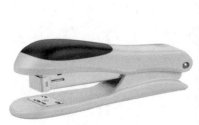

图 5.1　常见钣金设备

5.1.2　钣金设计的一般过程

使用 UG NX 进行钣金件设计的一般过程如下：

（1）新建一个"模型"文件，进入钣金建模环境。

（2）以钣金件所支持或者所保护的零部件大小和形状为基础，创建基础钣金特征。

说明：在零件设计中，我们创建的第 1 个实体特征称为基础特征，创建基础特征的方法很多，例如拉伸特征、旋转特征、扫掠特征及通过曲线组特征等；同样的道理，在创建钣金零件时，创建的第 1 个钣金实体特征称为基础钣金特征，创建基础钣金实体特征的方法也很多，例如突出块、轮廓弯边及放样弯边等。

（3）创建附加钣金法兰（钣金壁）。在创建完基础钣金后，往往需要根据实际情况添加其他的钣金壁，在 UG NX 中软件也提供了很多创建附加钣金壁的方法，例如突出块、弯边、高级弯边、放样弯边及桥接折弯等。

（4）创建钣金实体特征。在创建完主体钣金后，还可以随时创建一些实体特征，例如法向开孔、拉伸及倒角等。

（5）创建钣金的折弯。

（6）创建钣金的展开。

（7）创建钣金工程图。

5.2　钣金法兰

5.2.1　突出块

使用"突出块"命令可以创建出一个平整的薄板，它是一个钣金零件的"基础"，其他的钣金特征（如冲孔、成型、折弯、切割等）都要在这个"基础"上构建，因此这个平整的薄板就是钣金件最重要的部分。

1. 创建基本突出块

基本突出块是创建一个平整的钣金基础特征，在创建这类钣金时，需要绘制钣金壁的正面轮廓草图（必须为封闭的线条）。下面以如图 5.2 所示的模型为例，来说明创建基本突出块的一般操作过程。

7min

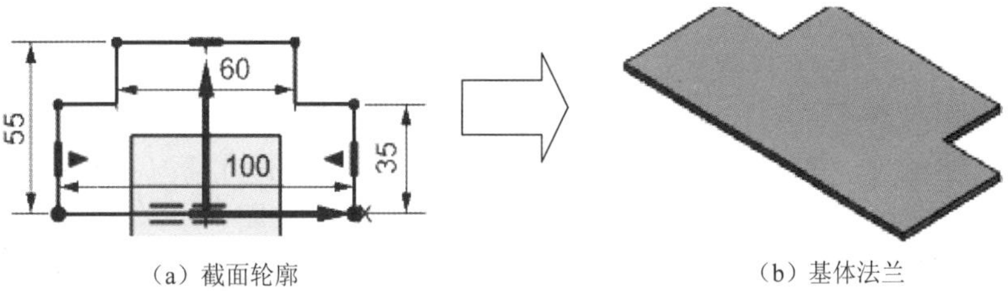

（a）截面轮廓　　　　　　　　（b）基体法兰

图 5.2　基本突出块

步骤 1：新建文件。选择"快速访问工具条"中的 🗋 命令，在"新建"对话框中选择"NX 钣金"模板，在名称文本框输入"基本突出块"，将工作目录设置为 D:\UG12\work\ch05.02\01\，然后单击"确定"按钮进入钣金设计环境。

步骤 2：设置钣金默认参数。选择下拉菜单"首选项"→"钣金"命令，系统会弹出"钣金首选项"对话框，在"材料厚度"文本框中输入 2。

步骤 3：选择命令。单击 主页 功能选项卡"基本"区域中的 🔲（突出块）按钮（或者选择下拉菜单"插入"→"突出块"命令），系统会弹出"突出块"对话框。

步骤 4：绘制截面轮廓。在系统提示下，选取"XY 平面"作为草图平面，进入草图环境，绘制如图 5.3 所示的截面草图，绘制完成后单击 主页 选项卡"草图"区域的 🏁（完成）按钮退出草图环境。

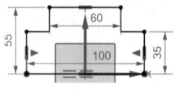

图 5.3　截面轮廓

步骤 5：定义钣金的厚度方向。采用系统默认的厚度方向。

步骤 6：完成创建。单击"突出块"对话框中的"确定"按钮，完成突出块的创建。

2. 创建附加突出块

附加突出块是在已有的钣金壁的表面，添加正面平整的钣金薄壁材料，其壁厚无须用户定义，系统会自动设定为与已存在钣金壁的厚度相同。下面以如图 5.4 所示的模型为例，来说明创建附加突出块的一般操作过程。

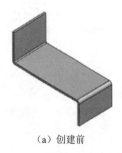

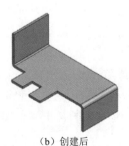

（a）创建前　　　　　　　　　　　　　　　　　（b）创建后

图 5.4　附加突出块

步骤 1：打开文件 D:\UG12\work\ch05.02\01\附加突出块-ex。

步骤 2：选择命令。单击 主页 功能选项卡"基本"区域中的 🔲（突出块）按钮，系统会弹出"突出块"对话框。

步骤 3：定义类型。在"突出块"对话框的"类型"下拉列表中选择"次要"。

步骤 4：选择草图平面。在系统提示下选取如图 5.5 所示的模型表面作为草图平面，进入草图环境。

注意：绘制草图的面或基准面的法线必须与钣金的厚度方向平行。

步骤 5：绘制截面轮廓。在草图环境中绘制如图 5.6 所示的截面轮廓，绘制完成后单击 主页 选项卡"草图"区域的 （完成）按钮退出草图环境。

图 5.5 草图平面

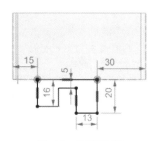

图 5.6 截面轮廓

步骤 6：定义突出块参数。所有参数均采用系统默认。

步骤 7：完成创建。单击"突出块"对话框中的"确定"按钮，完成附加突出块的创建。

5.2.2 弯边

钣金弯边是在现有钣金壁的边线上创建出带有折弯和弯边区域的钣金壁，所创建的钣金壁与原有基础钣金的厚度一致。

在创建钣金弯边时，需要在现有钣金的基础上选取一条或者多条边线作为钣金弯边的附着边，然后定义弯边的形状、尺寸及角度即可。

说明：钣金弯边的附着边只可以是直线。

下面以创建如图 5.7 所示的钣金为例，介绍创建钣金弯边的一般操作过程。

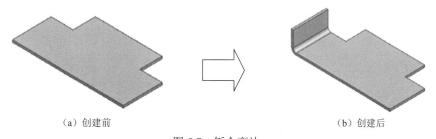

（a）创建前   （b）创建后

图 5.7 钣金弯边

步骤 1：打开文件 D:\UG12\work\ch05.02\02\钣金弯边-ex。

步骤 2：选择命令。单击 主页 功能选项卡"折弯"区域中的 （弯边）按钮，系统会弹出"弯边"对话框。

步骤 3：定义附着边。选取如图 5.8 所示的边线作为弯边的附着边。

注意：附着边可以是一条或者多条直线边，不可以是直线以外的其他边线，否则会弹出如图 5.9 所示的"警告"对话框。

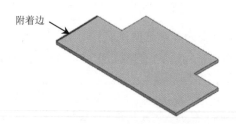

附着边

图 5.8　选取附着边　　　　　　　　　图 5.9　"警告"对话框

步骤4：定义钣金参数。在"宽度选项"下拉列表中选择"完整"，在"长度"文本框中输入 20，在"角度"文本框中输入 90，在"参考长度"下拉列表中选择"外侧"，在"内嵌"下拉列表中选择"材料内侧"，在"偏置"文本框中输入 0，其他参数均采用系统默认。

步骤5：完成创建。单击"弯边"对话框中的"确定"按钮，完成弯边的创建。

"弯边"对话框部分选项的说明：

（1）⬡：用于设置弯边的附着边。可以是单条边线，如图 5.8 所示；可以是多条边线，如图 5.10 所示。

（2）**宽度选项** 下拉列表：用于设置附着边的宽度类型。

■ 　□ 完整 选项：在基础特征的整个线性边上都应用弯边。

■ 　🔲 在中心 选项：在线性边的中心位置放置弯边，然后对称地向两边拉伸一定的距离，如图 5.11 所示。

图 5.10　多条边线

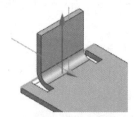

图 5.11　在中心

■ 　🔲 在端点 选项：将弯边特征放置在选定的直边的端点位置，然后以此端点为起点拉伸弯边的宽度，如图 5.12 所示。

■ 　🔲 从两端 选项：在线性边的中心位置放置弯边，然后利用距离 1 和距离 2 设置弯边的宽度，如图 5.13 所示。

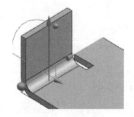

图 5.12　在端点

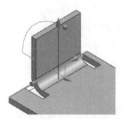

图 5.13　从两端

■ 　[从端点] 选项：在所选折弯边的端点定义距离来放置弯边，如图5.14所示。

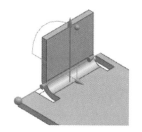

图5.14　从端点

（3）长度 文本框：用于设置弯边的长度。

（4）长度 文本框前的 ⊠ 按钮：单击此按钮，可切换折弯长度的方向，如图5.15所示。

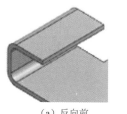 

（a）反向前　　　　　　　　　　　　　（b）反向后

图5.15　折弯方向

（5）角度 文本框：用于设置钣金的折弯角度，如图5.16所示。

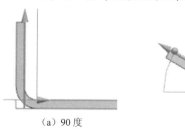 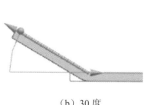 

（a）90度　　　　　　　　　（b）30度　　　　　　　　　（c）120度

图5.16　设置钣金角度

（6）参考长度 下拉列表：用于设置弯边长度的参考。

■ 　[内侧] 选项：用于表示钣金深度，即从折弯面的内侧端部开始计算，直到折弯平面区域的端部为止的距离，如图5.17所示。

■ 　[外侧] 选项：用于表示钣金深度，即从折弯面的外侧端部开始计算，直到折弯平面区域的端部为止的距离，如图5.18所示。

■ 　[腹板] 选项：用于表示钣金深度，即平直钣金段的长度，如图5.19所示。

　内嵌 下拉列表：用于设置弯边相对于附着边的位置。

■ 　[材料内侧] 选项：用于使弯边的外侧面与线性边平齐，此时钣金的总体长度不变，如图5.20所示。

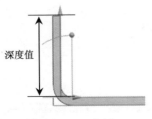

图 5.17 内侧

图 5.18 外侧

图 5.19 腹板

图 5.20 材料内侧

- ■ 材料外侧 选项：用于使弯边的内侧面与线性边平齐，此时钣金的总体长度将多出一个板厚，如图 5.21 所示。
- ■ 折弯外侧 选项：用于折弯特征直接加在基础特征上，以此来添加材料而不改变基础特征尺寸，此时钣金的总体长度将多出一个板厚加一个折弯半径，如图 5.22 所示。

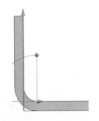

图 5.21 材料外侧

图 5.22 折弯外侧

（7）偏置 文本框：用于在原有参数钣金壁的基础上向内或者向外偏置一定距离得到钣金壁，如图 5.23 所示。

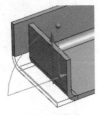

（a）向内偏移

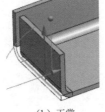

（b）正常

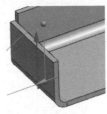

（c）向外偏移

图 5.23 偏置

（8）拐角止裂口 下拉列表：用于设置拐角止裂口的参考。

■ 仅折弯 选项：用于裁剪相邻折弯处的材料，如图5.24所示。

■ 折弯/面 选项：用于裁剪相邻折弯及面的材料，如图5.25所示。

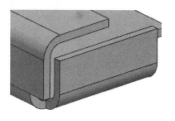

图5.24　仅折弯

图5.25　折弯/面

■ 折弯/面链 选项：用于裁剪相邻折弯及相切的所有面的材料，如图5.26所示。

■ 无 选项：用于不裁剪任何材料，如图5.27所示。

图5.26　折弯/面链

图5.27　无

5.2.3　轮廓弯边

1. 创建基本轮廓弯边

基本轮廓弯边是创建一个轮廓弯边的钣金基础特征，在创建该钣金特征时，需要绘制钣金壁的侧面轮廓草图（必须为不封闭的线条）。下面以如图5.28所示的模型为例，来说明创建基本轮廓弯边的一般操作过程。

5min

说明：轮廓弯边和突出块都是常用的钣金基体的创建工具，突出块的草图必须是封闭的，轮廓弯边的草图必须是开放的。

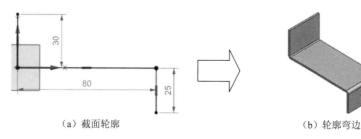

（a）截面轮廓　　　　　　　　　　　（b）轮廓弯边

图5.28　基本轮廓弯边

步骤1：新建文件。选择"快速访问工具条"中的 ▯ 命令，在"新建"对话框中选择"NX 钣金"模板，在名称文本框中输入"基本轮廓弯边"，将工作目录设置为 D:\UG12\work\ ch05.02\03\，然后单击"确定"按钮进入钣金建模环境。

步骤2：设置钣金默认参数。选择下拉菜单"首选项"→"钣金"命令，系统会弹出"钣金首选项"对话框，在"材料厚度"文本框中输入2，在"折弯半径"文本框中输入1，单击"确定"按钮完成设置。

步骤3：选择命令。单击 主页 功能选项卡"折弯"区域中的 🔧（轮廓弯边）按钮（或者选择下拉菜单"插入"→"折弯"→"轮廓弯边"命令），系统会弹出"轮廓弯边"对话框。

步骤4：绘制截面轮廓。在系统 **选择要绘制的平的面，或为截面选择曲线** 下，选取"ZX 平面"作为草图平面，进入草图环境，绘制如图 5.29 所示的截面草图，绘制完成后单击 主页 选项卡"草图"区域的 ▨（完成）按钮退出草图环境。

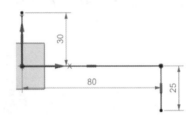

图 5.29　截面轮廓

步骤5：定义钣金的厚度方向。采用系统默认的厚度方向。

步骤6：定义钣金的宽度参数。在"宽度"区域的"宽度选项"下拉列表中选择"对称"，在"宽度"文本框中输入40。

步骤7：完成创建。单击"轮廓弯边"对话框中的"确定"按钮，完成轮廓弯边的创建。

2. 创建附加轮廓弯边

附加轮廓弯边是根据用户定义的侧面形状并沿着已存在的钣金体的边缘进行拉伸所形成的钣金特征，其壁厚与原有钣金壁厚相同。下面以如图 5.30 所示的模型为例，来说明创建附加轮廓弯边的一般操作过程。

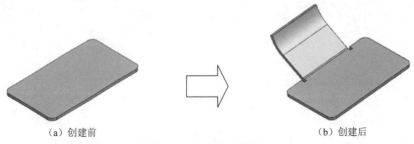

（a）创建前　　　　　　　　　　　　　　（b）创建后

图 5.30　附加轮廓弯边

步骤 1：打开文件 D:\UG12\work\ch05.02\03\附加轮廓弯边-ex。

步骤 2：选择命令。单击 主页 功能选项卡"折弯"区域中的 （轮廓弯边）按钮，系统会弹出"轮廓弯边"对话框。

步骤 3：定义类型。在"轮廓弯边"对话框的"类型"下拉列表中选择"次要"。

步骤 4：定义轮廓弯边截面。单击 按钮，系统会弹出"创建草图"对话框，将选择过滤器设置为"单条曲线"，选取如图 5.31 所示的模型边线作为路径（靠近右侧选取），在"平面位置"区域"位置"下拉列表中选择"弧长"，然后在"弧长"后的文本框中输入 20，单击"平面方位"区域的 按钮，调整方向，如图 5.32 所示，单击"确定"按钮，绘制如图 5.33 所示的截面草图。

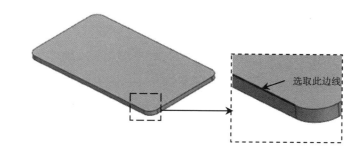

图 5.31　路径边线

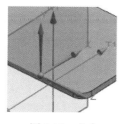

图 5.32　方向

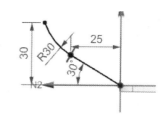

图 5.33　截面草图

步骤 5：定义宽度类型并输入宽度值。在"宽度选项"下拉列表中选择"有限"；在"宽度"文本框中输入距离值 60。

步骤 6：完成创建。单击"轮廓弯边"对话框中的"确定"按钮，完成轮廓弯边的创建。

"轮廓弯边"对话框部分选项的说明：

（1）宽度选项 下拉列表：用于设置轮廓弯边的宽度类型。

■ 有限 选项：表示特征将从草绘平面开始，按照所输入的数值(深度值)向特征创建的方向一侧进行创建轮廓弯边，如图 5.34 所示。

■ 对称 选项：表示特征将在草绘平面两侧进行拉伸创建轮廓弯边，输入的深度值被草绘平面平均分割，草绘平面两边的深度值相等，如图 5.35 所示。

■ 末端 选项：表示特征将从草绘平面开始拉伸至选定的边线的终点创建轮廓弯边，如图 5.36 所示。

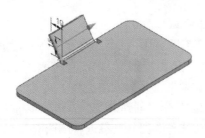

图 5.34　有限

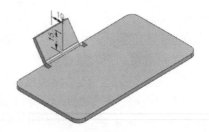

图 5.35　对称

■ **链** 选项：表示特征将以所选择的一系列边线为路径进行拉伸创建轮廓弯边，如图 5.37 所示。

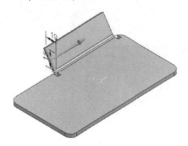

图 5.36　末端

图 5.37　链

（2） **折弯止裂口** 下拉列表：用于设置折弯止裂口的参数。

■ **正方形** 选项：用于在附加钣金壁的连接处，将主壁材料切割成矩形缺口来构建止裂口，如图 5.38 所示。

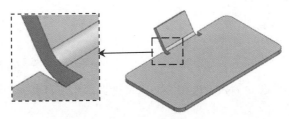

图 5.38　正方形

■ **圆形** 选项：用于在附加钣金壁的连接处，将主壁材料切割成长圆弧形缺口来构建止裂口，如图 5.39 所示。

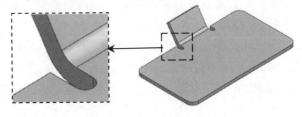

图 5.39　圆形

■ 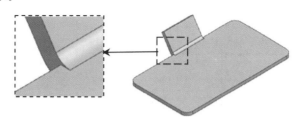 选项：用于在附加钣金壁的连接处，通过垂直切割主壁材料至折弯线处，如图 5.40 所示。

图 5.40 无

（3）深度 文本框：用于设置止裂口的深度。

（4）宽度 文本框：用于设置止裂口的宽度。

（5）☑延伸止裂口 复选框：用于定义是否将折弯缺口延伸到零件的边。

5.2.4 放样弯边

1. 创建基本放样弯边

基本放样弯边特征是以两组开放的截面线串来创建一个放样弯边的钣金基础特征。

说明： 放样折弯的截面轮廓必须同时满足以下两个特点：截面必须开放；截面数量必须 ▶ 11min 是两个。

下面以创建如图 5.41 所示的天圆地方钣金为例，介绍创建基本放样弯边的一般操作过程。

图 5.41 基本放样弯边

步骤 1：新建文件。选择"快速访问工具条"中的 ▯ 命令，在"新建"对话框中选择"NX钣金"模板，在名称文本框输入"基本放样弯边"，将工作目录设置为 D:\UG12\work\ch05.02\04\，然后单击"确定"按钮进入钣金建模环境。

步骤 2：设置钣金默认参数。选择下拉菜单"首选项"→"钣金"命令，系统会弹出"钣金首选项"对话框，在"材料厚度"文本框中输入 2，单击"确定"按钮完成设置。

步骤 3：创建如图 5.42 所示的草图 1。单击 主页 功能选项卡"直接草图"区域中的草图 按钮，选取"XY 平面"作为草图平面，绘制如图 5.42 所示的草图。

步骤 4：创建基准面 1。单击 主页 功能选项卡 ▯ 基准平面 ·后的 ▼ 按钮，选择

⬜ **基准平面** 命令,在类型下拉列表中选择"按某一距离"类型,选取 XY 平面作为参考平面,在"偏置"区域的"距离"文本框输入偏置距离 50,单击"确定"按钮,完成基准平面的定义,如图 5.43 所示。

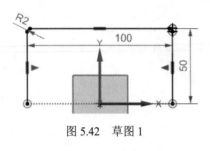

图 5.42 草图 1

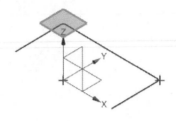

图 5.43 基准面 1

步骤 5:创建如图 5.44 所示的草图 2。单击 **主页** 功能选项卡"直接草图"区域中的草图 按钮,选取步骤 4 创建的基准面 1 作为草图平面,绘制如图 5.44 所示的草图。

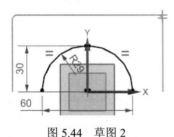

图 5.44 草图 2

步骤 6:选择命令。单击 **主页** 功能选项卡"折弯"区域"更多"下的 按钮,选择 **放样弯边** 命令(或者选择下拉菜单"插入"→"折弯"→"放样弯边"命令),系统会弹出"放样弯边"对话框。

步骤 7:定义起始截面。确认"起始截面"区域的"选择曲线"被激活,选取步骤 3 创建的草图 1 作为起始截面,按鼠标中键确认。

步骤 8:定义终止截面。激活"终止截面"区域的"选择曲线",然后选取步骤 5 创建的草图 2 作为终止截面。

步骤 9:定义钣金厚度方向。在"放样弯边"对话框的"厚度"区域中单击 按钮,使厚度方向朝外。

步骤 10:完成创建。单击"放样弯边"对话框中的"确定"按钮,完成放样弯边的创建,如图 5.45 所示。

步骤 11:创建如图 5.46 所示的镜像体。选择下拉菜单"插入"→"关联复制"→"镜像体"命令,系统会弹出"镜像体"对话框,选取步骤 10 创建的实体作为要镜像的体,激活"镜像平面"区域的"选择平面",选取"ZX 平面"作为镜像中心平面,单击"镜像体"对话框中的"确定"按钮,完成镜像体的创建。

图 5.45　放样弯边

图 5.46　镜像体

2. 创建附加放样弯边

附加放样弯边是在已存在的钣金特征的表面定义两组开放的截面线串来创建一个钣金薄壁，其壁厚与基础钣金厚度相同。下面以如图 5.47 所示的模型为例，说明创建附加放样弯边的一般操作过程。

5min

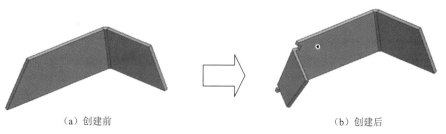

（a）创建前　　　　　　　　　　　　（b）创建后

图 5.47　附加放样弯边

步骤 1：打开文件 D:\UG12\work\ch05.02\04\附加放样弯边-ex。

步骤 2：选择命令。单击 主页 功能选项卡"折弯"区域"更多"下的 ▼ 按钮，选择 ⌒ 放样弯边 命令，系统会弹出"放样弯边"对话框。

步骤 3：定义类型。在"放样弯边"对话框"类型"区域的下拉列表中选择"次要"。

步骤 4：定义起始截面。单击"放样弯边"对话框"起始截面"区域中的 ⬚ "绘制起始截面"按钮，系统会弹出"创建草图"对话框，选取如图 5.48 所示的边线路径（靠近下侧选取），在"平面位置"区域的"位置"下拉列表中选择"弧长百分比"，在"弧长百分比"输入 15（确认位置靠近下侧），其他参数采用默认，单击"确定"按钮，绘制如图 5.49 所示的草图，单击"完成"按钮完成起始截面的定义。

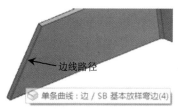

图 5.48　边线路径

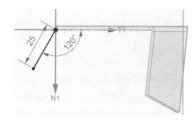

图 5.49　起始截面

步骤 5：定义终止截面。单击"放样弯边"对话框"终止截面"区域中的 ⬚ "绘制终止截面"按钮，系统会弹出"创建草图"对话框，选取如图 5.48 所示的边线路径（靠近上侧选取），在"平面位置"区域的"位置"下拉列表中选择"弧长百分比"，在"弧长百分比"输入 15（确认位置靠近上侧），其他参数采用默认，单击"确定"按钮，绘制如图 5.50 所示的草图，单击"完成"按钮完成终止截面的定义。

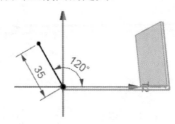

图 5.50　终止截面

步骤 6：完成创建。单击"放样弯边"对话框中的"确定"按钮，完成放样弯边的创建，如图 5.47（b）所示。

5.2.5　折边弯边

5min

"折边弯边"命令可以在钣金模型的边线上添加不同的卷曲形状。在创建折边弯边时，需要先在现有的钣金壁上选取一条或者多条边线作为折边弯边的附着边，其次需要定义其侧面形状及尺寸等参数。

下面以创建如图 5.51 所示的钣金壁为例，介绍创建折边弯边的一般操作过程。

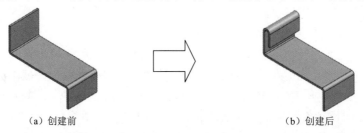

（a）创建前　　　　　　　　　　　　　　　　　　　　（b）创建后

图 5.51　折边弯边

步骤 1：打开文件 D:\UG12\work\ch05.02\05\折边弯边-ex。

步骤 2：选择命令。选择下拉菜单"插入"→"折弯"→"折边弯边"命令，系统会弹出"折边"对话框。

步骤 3：定义折边类型。在"折边"对话框的"类型"下拉列表中选择"开放"类型。

步骤 4：定义附着边。选取如图 5.52 所示的边线作为附着边。

步骤 5：定义内嵌选项。在"内嵌选项"区域的"内嵌"下拉列表中选择"材料内侧"。

步骤 6：定义折弯参数。在"折弯参数"区域的 2.弯边长度 文本框输入 15，单击 1.折弯半径 文本框中的 ＝，选择"使用局部值"命令，然后在文本框中输入 2.5。

步骤7：完成创建。单击"折边"对话框中的"确定"按钮，完成折边弯边的创建，如图 5.51（b）所示。

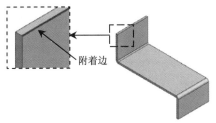

附着边

图 5.52　选择附着边

5.2.6　高级弯边

▶ 4min

"高级弯边"命令可以使用折弯角或者参考面沿一条边或者多条边线添加弯边，该边线和参考面可以是弯曲的。下面以创建如图 5.53 所示的钣金壁为例，介绍创建高级弯边的一般操作过程。

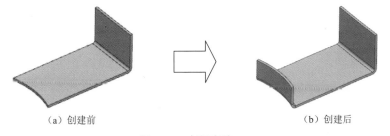

（a）创建前　　　　　　　　　　　　　　　　（b）创建后

图 5.53　高级弯边

步骤1：打开文件 D:\UG12\work\ch05.02\06\高级弯边-ex。

步骤2：选择命令。选择下拉菜单"插入"→"高级钣金"→"高级弯边"命令，系统会弹出"高级弯边"对话框。

步骤3：定义高级弯边类型。在"高级弯边"对话框的"类型"下拉列表中选择"按值"类型。

步骤4：定义附着边。在系统提示下选取如图 5.54 所示的边线作为高级弯边的附着边。

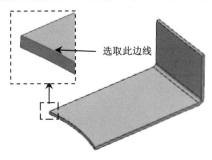

选取此边线

图 5.54　定义过渡边

步骤 5：定义弯边属性。在"弯边属性"区域的"长度"文本框中输入 30，方向向上，在"角度"文本框中输入 90，在"参考长度"下拉列表中选择"外侧"，在"内嵌"下拉列表中选择"材料内侧"。

步骤 6：完成创建。单击"高级弯边"对话框中的"确定"按钮，完成高级弯边的创建，如图 5.53（b）所示。

5.2.7　将实体零件转换为钣金

将实体零件转换为钣金件是另外一种设计钣金件的方法，使用此方法设计钣金时先设计实体零件后通过"转换为钣金"命令将其转换成钣金零件。

下面以创建如图 5.55 所示的钣金为例，介绍将实体零件转换为钣金的一般操作过程。

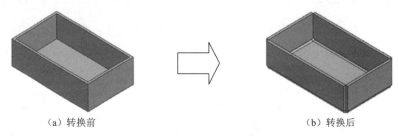

（a）转换前　　　　　　　　　　　　　　（b）转换后

图 5.55　将实体零件转换为钣金

步骤 1：打开文件 D:\UG12\work\ch05.02\07\将实体零件转换为钣金-ex。

步骤 2：切换工作环境。单击 应用模块 功能选项卡"设计"区域中的 🗔 "钣金"按钮，系统会进入钣金设计环境。

步骤 3：选择裂口命令。选择下拉菜单"插入"→"转换"→"撕边"命令，系统会弹出"撕边"对话框。

步骤 4：定义裂口参数。选取如图 5.56 所示的边线作为撕边边线。

步骤 5：完成创建。单击"撕边"对话框中的"确定"按钮，完成裂口的创建，如图 5.57 所示。

图 5.56　裂口边线

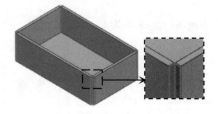

图 5.57　裂口

步骤 6：选择转换为钣金命令。单击 主页 功能选项卡"转换"区域中的 🗔 转换为钣金 按钮（或者选择下拉菜单"插入"→"转换"→"转换为钣金"命令），系统会弹出"转换为钣金"对话框。

步骤 7：定义基本面。选取如图 5.58 所示的面作为基础面。

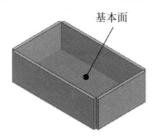

图 5.58　基本面

步骤 8：完成创建。单击"转换为钣金"对话框中的"确定"按钮，完成转换为钣金的创建，如图 5.55（b）所示。

5.3　钣金的折弯与展开

对钣金进行折弯是钣金加工中很常见的一种工序，通过折弯命令就可以对钣金的形状进行改变，从而获得所需的钣金零件。

5.3.1　折弯

"折弯"是将钣金的平面区域以折弯线为基准弯曲某个角度。在进行折弯操作时，应注意折弯特征仅能在钣金的平面区域建立，不能跨越另一个折弯特征。

钣金折弯特征需要包含如下四大要素，如图 5.59 所示。

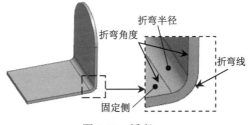

图 5.59　折弯

（1）折弯线：用于控制折弯位置和折弯形状的直线，折弯线只能是一条，并且折弯线需要是线性对象。

（2）固定侧：用于控制折弯时保持固定不动的侧。

（3）折弯半径：用于控制折弯部分的弯曲半径。

（4）折弯角度：用于控制折弯的弯曲程度。

下面以创建如图 5.60 所示的钣金为例，介绍折弯的一般操作过程。

步骤 1：打开文件 D:\UG12\work\ch05.03\01\折弯-ex。

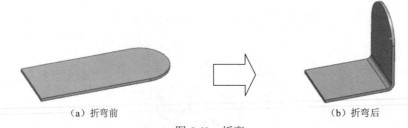

（a）折弯前　　　　　　　　　　　　（b）折弯后

图 5.60　折弯

步骤 2：选择命令。单击 主页 功能选项卡"折弯"区域"更多"下的 ▾ 按钮，选择 折弯 命令（或者选择下拉菜单"插入"→"折弯"→"折弯"命令），系统会弹出"折弯"对话框。

步骤 3：创建如图 5.61 所示的折弯线。在系统提示下选取如图 5.62 所示的模型表面作为草图平面，绘制如图 5.61 所示的草图，绘制完成后单击"完成"按钮退出草图环境。

注意：折弯的折弯线只能是一条，如果绘制了多条，则软件会自动选取其中一条直线，如果手动选取了多条直线，系统则会弹出如图 5.63 所示的"警告"对话框；折弯线不能是圆弧、样条等曲线对象，否则也会弹出如图 5.63 所示的"警告"对话框。

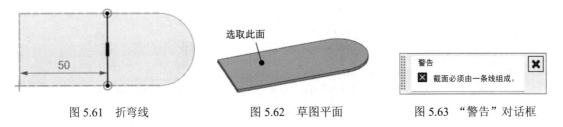

图 5.61　折弯线　　　　　　　图 5.62　草图平面　　　　　　图 5.63　"警告"对话框

步骤 4：定义折弯属性参数。在"折弯属性"区域的"角度"文本框中输入 90，采用系统默认的折弯方向，单击"反侧"后的 ⊠ 按钮，调整固定侧，如图 5.64 所示，在"内嵌"下拉列表中选择"材料内侧"，选中"延伸截面"复选框。

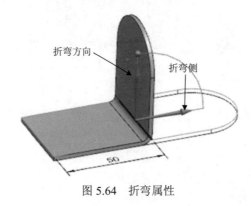

图 5.64　折弯属性

步骤 5：完成创建。单击"折弯"对话框中的"确定"按钮，完成折弯的创建，如图 5.60（b）所示。

5.3.2　二次折弯

　　二次折弯特征是在钣金件平面上创建两个成一定角度的折弯区域，并且在折弯特征上添加材料。二次折弯特征功能的折弯线位于放置平面上，并且必须是一条直线。

　　下面以创建如图 5.65 所示的钣金为例，介绍二次折弯的一般操作过程。

（a）二次折弯前　　　　　　　　　　　　　　　　　（b）二次折弯后

图 5.65　二次折弯

　　步骤 1：打开文件 D:\UG12\work\ch05.03\02\二次折弯-ex。

　　步骤 2：选择命令。选择下拉菜单"插入"→"折弯"→"二次折弯"命令，系统会弹出"二次折弯"对话框。

　　步骤 3：创建如图 5.66 所示的折弯线。在系统提示下选取如图 5.67 所示的模型表面作为草图平面，绘制如图 5.66 所示的草图，绘制完成后单击"完成"按钮退出草图环境。

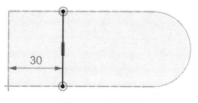

图 5.66　折弯线

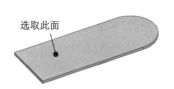

选取此面

图 5.67　草图平面

　　注意：二次折弯的折弯线只能是一条。

　　步骤 4：定义二次折弯属性参数。在"二次折弯属性"区域的"高度"文本框中输入 40，采用系统默认的折弯方向，单击"反侧"后的 ☒ 按钮，调整固定，如图 5.68 所示，在"角

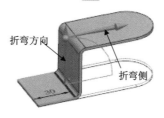

折弯方向　　　　折弯侧

图 5.68　二次折弯属性

度"文本框中输入90，在"参考高度"下拉列表中选择"外侧"，在"内嵌"下拉列表中选择"折弯外侧"，选中"延伸截面"复选框。

步骤5：完成创建。单击"二次折弯"对话框中的"确定"按钮，完成二次折弯的创建，如图5.65（b）所示。

5.3.3　钣金伸直

钣金伸直就是将带有折弯的钣金零件展平为二维平面的薄板。在钣金设计中，如果需要在钣金件的折弯区域创建切除特征，首先用展开命令将折弯特征展平，然后就可以在展平的折弯区域创建切除特征了。

下面以创建如图5.69所示的钣金为例，介绍钣金伸直的一般操作过程。

（a）伸直前　　　　　　　　　　　　　　（b）伸直后

图5.69　钣金伸直

步骤1：打开文件 D:\UG12\work\ch05.03\03\钣金伸直-ex。

步骤2：选择命令。单击　主页　功能选项卡"成型"区域的"伸直"按钮（或者选择下拉菜单"插入"→"成型"→"伸直"命令），系统会弹出"伸直"对话框。

步骤3：定义展开固定面。在系统提示下选取如图5.70所示的面作为展开固定面。

步骤4：定义要展开折弯。选取如图5.71所示的折弯作为要展开的折弯。

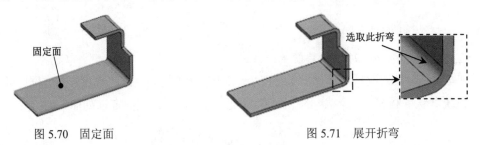

图5.70　固定面　　　　　　　　　　　　　图5.71　展开折弯

步骤5：完成创建。单击"伸直"对话框中的"确定"按钮，完成伸直的创建。

5.3.4　钣金重新折弯

钣金重新折弯与钣金伸直的操作非常类似，但作用是相反的，钣金重新折弯主要是将伸直的钣金零件重新恢复到钣金伸直之前的效果。

下面以创建如图 5.72 所示的钣金为例，介绍钣金重新折弯的一般操作过程。

（a）重新折弯前　　　　　　　　　　　　　　（b）重新折弯后

图 5.72　钣金重新折弯

步骤 1：打开文件 D:\UG12\work\ch05.03\04\钣金重新折弯-ex。
步骤 2：创建如图 5.73 所示的拉伸 1。

图 5.73　拉伸 1

选择下拉菜单"插入"→"切割"→"拉伸"命令，在系统提示下选取如图 5.74 所示的模型表面作为草图平面，绘制如图 5.75 所示的截面草图，在"拉伸"对话框"限制"区域的"结束"下拉列表中选择 🜚 贯通 选项，在"布尔"下拉列表中选择"减去"，确认拉伸方向向下，单击"确定"按钮，完成拉伸 1 的创建。

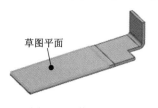

图 5.74　草图平面

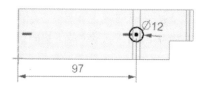

图 5.75　截面草图

步骤 3：选择命令。单击 主页 功能选项卡"成型"区域的"重新折弯"按钮（或者选择下拉菜单"插入"→"成型"→"重新折弯"命令），系统会弹出"重新折弯"对话框。
步骤 4：定义重新折弯固定面。采用系统默认。
步骤 5：定义要重新折弯的折弯。选取如图 5.76 所示的折弯作为要重新折弯的折弯。

选取此折弯

图 5.76　展开折弯

步骤6：完成创建。单击"重新折弯"对话框中的"确定"按钮，完成重新折弯的创建。

5.3.5 展平图样

6min

展平图样是从成型的钣金件创建展平图样特征。展平图样主要是帮助用户得到钣金的展开工程图视图。

下面以创建如图5.77所示的钣金的展平图样为例，介绍创建展平图样的一般操作过程。

图 5.77　展平图样

步骤1：打开文件 D:\UG12\work\ch05.03\05\展平图样-ex。

步骤2：选择命令。单击 主页 功能选项卡"展平图样"区域中的 （展平图样）按钮（或者选择下拉菜单"插入"→"展平图样"→"展平图样"命令），系统会弹出"展平图样"对话框。

步骤3：定义向上面。在系统提示下选择如图5.78所示的模型表面作为向上面。

步骤4：定义展平方位。在"展平图样"对话框的"定位方法"下拉列表中选择"选择边"，选取如图5.78所示的边线作为方位边线。

步骤5：完成创建。单击"展平图样"对话框中的"确定"按钮，完成展平图样的创建，在系统弹出的"钣金"对话框中单击"确定"按钮即可。

步骤6：查看展开图样。选择下拉菜单"视图"→"布局"→"替换视图"命令，选择 `FLAT-PATTERN#1`，单击"确定"按钮，此时方位如图5.79所示。

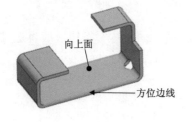

图 5.78　向上面与方位

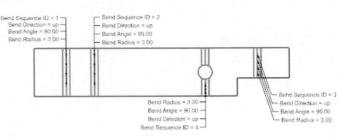

图 5.79　展平图样

5.4　钣金成型

5.4.1　基本概述

把一个冲压模具（冲模）上的某个形状通过冲压的方式印贴到钣金件上，从而得到一个凸起或者凹陷的特征效果，这就是钣金成型。

在 UG NX 12 中软件向用户提供了多种不同的钣金成型的方法，其中主要包括凹坑、百叶窗、冲压开孔、筋、加固板及实体冲压等。

5.4.2　凹坑

凹坑就是用一组连续的曲线作为轮廓沿着钣金件表面的法线方向冲出凸起或凹陷的成型特征。

▶ 7min

说明：凹坑的截面线可以是封闭的，也可以是开放的。

1. 封闭截面的凹坑

下面以创建如图 5.80 所示的效果为例，说明使用封闭截面创建凹坑的一般操作过程。

步骤 1：打开文件 D:\UG12\work\ch05.04\02\凹坑 01-ex。

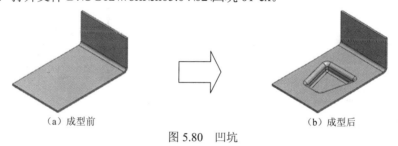

（a）成型前　　　　　　　　　　　　（b）成型后

图 5.80　凹坑

步骤 2：选择命令。单击 **主页** 功能选项卡"冲孔"区域中的 凹坑 按钮（或者选择下拉菜单"插入"→"冲孔"→"凹坑"命令），系统会弹出"凹坑"对话框。

步骤 3：绘制凹坑截面。选取如图 5.81 所示的模型表面作为草图平面，绘制如图 5.82 所示的截面轮廓。

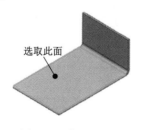

图 5.81　草图平面

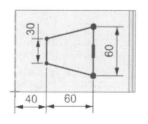

图 5.82　截面草图

步骤 4：定义凹坑属性。在"凹坑属性"区域的"深度"文本框中输入 15，单击 ⊠ 按钮使方向朝下，如图 5.83 所示，在"测角"文本框中输入 0，在"侧壁"下拉列表中选择"材料外侧"。

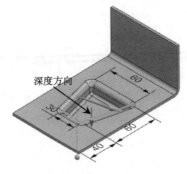

图 5.83　深度方向

步骤 5：定义凹坑倒角。在"倒圆"区域选中"凹坑边倒圆"复选框，在"冲压半径"文本框中输入 3，在"冲模半径"文本框中输入 3，选中"截面拐角倒圆"复选框，在"角半径"文本框中输入 3。

步骤 6：完成创建。单击"凹坑"对话框中的"确定"按钮，完成凹坑的创建。

2. 开放截面的凹坑

下面以创建如图 5.84 所示的效果为例，说明使用开放截面创建凹坑的一般操作过程。

（a）成型前　　　　　　　　　　　　　（b）成型后

图 5.84　凹坑

步骤 1：打开文件 D:\UG12\work\ch05.04\02\凹坑 02-ex。

步骤 2：选择命令。单击 主页 功能选项卡"冲孔"区域中的 凹坑 按钮，系统会弹出"凹坑"对话框。

步骤 3：绘制凹坑截面。选取如图 5.85 所示的模型表面作为草图平面，绘制如图 5.86 所示的截面轮廓。

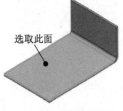

图 5.85　草图平面

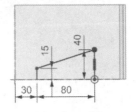

图 5.86　截面草图

步骤4：定义凹坑属性。在"凹坑属性"区域的"深度"文本框中输入 15，单击 ⊠ 按钮使方向朝下，如图 5.87 所示，双击"凹坑"创建方向箭头如图 5.87 所示，在"测角"文本框输入 10，在"侧壁"下拉列表中选择"材料内侧"。

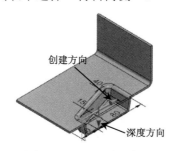

图 5.87　凹坑方向属性

步骤5：定义凹坑倒角。在"倒圆"区域选中"凹坑边倒圆"复选框，在"冲压半径"文本框中输入 2，在"冲模半径"文本框中输入 2，选中"截面拐角倒圆"复选框，在"角半径"文本框中输入2。

步骤6：完成创建。单击"凹坑"对话框中的"确定"按钮，完成凹坑的创建。

5.4.3　百叶窗

在一些机器的外罩上面经常会看见百叶窗，百叶窗的功能是在钣金件的平面上创建通风窗，主要起到散热的作用，另外，看上去也比较美观。UG NX 12 的百叶窗有成型端百叶窗和切口端百叶窗两种外观。

下面以创建如图 5.88 所示的效果为例，说明创建百叶窗的一般操作过程。

步骤1：打开文件 D:\UG12\work\ch05.04\03\百叶窗-ex。

（a）成型前　　　　　　　　　　　　　　　（b）成型后

图 5.88　百叶窗

步骤2：选择命令。单击 主页 功能选项卡"冲孔"区域中的 🪟 百叶窗 按钮（或者选择下拉菜单"插入"→"冲孔"→"百叶窗"命令），系统会弹出"百叶窗"对话框。

步骤3：绘制百叶窗截面草图。选取如图 5.89 所示的模型表面作为草图平面，绘制如图 5.90 所示的截面草图。

步骤4：定义百叶窗属性。在"百叶窗属性"区域的"深度"文本框中输入 10，采用如图 5.91 所示的默认深度方向，在"宽度"文本框中输入 15，单击 ⊠ 按钮调整宽度方向，如图 5.91 所示，在"百叶窗形状"下拉列表中选择"成型的"。

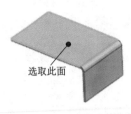

图 5.89 草图平面

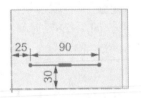

图 5.90 截面草图

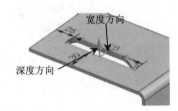

图 5.91 深度、宽度方向

步骤 5：定义凹坑倒角。在"倒圆"区域选中"百叶窗边倒圆"复选框，在"冲模半径"文本框输入 2。

步骤 6：完成创建。单击"百叶窗"对话框中的"确定"按钮，完成百叶窗的创建。

5.4.4 实体冲压

下面以创建如图 5.92 所示的效果为例介绍创建实体冲压的一般操作过程。

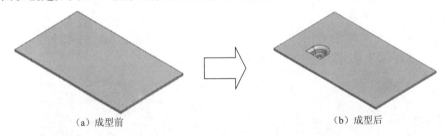

（a）成型前   （b）成型后

图 5.92 实体冲压

步骤 1：打开文件 D:\UG12\work\ch05.04\04\实体冲压-ex。

步骤 2：切换工作环境。单击 应用模块 功能选项卡"设计"区域中的 "建模"按钮，系统进入建模设计环境。

说明：如果弹出"钣金"对话框，则单击"确定"按钮即可。

步骤 3：创建如图 5.93 所示的拉伸 1。

单击 主页 功能选项卡"特征"区域中的 拉伸 ▾按钮，在系统提示下选取如图 5.94 所示的模型表面作为草图平面，绘制如图 5.95 所示的草图；在"拉伸"对话框"限制"区域的"结束"下拉列表中选择 值 选项，在"距离"文本框中输入深度值 10，单击 ✕ 按钮使拉伸方向沿着 Z 轴负方向，在"布尔"下拉列表中选择"无"；单击"确定"按钮，完成拉伸 1 的创建。

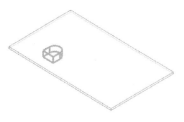

图 5.93　拉伸 1

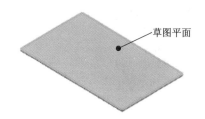

图 5.94　草图平面

步骤 4：隐藏钣金主体。在"部件导航器"中右击 🗋 SB 突出块，在弹出的快捷菜单中选择 ⚡ 隐藏(H) 命令，效果如图 5.96 所示。

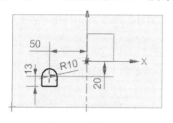

图 5.95　截面草图

图 5.96　隐藏钣金主体

步骤 5：创建如图 5.97 所示的拔模 1。单击 主页 功能选项卡"特征"区域中的 ⚙ 拔模 按钮，系统会弹出"拔模"对话框，在"拔模"对话框的"类型"下拉列表中选择"面"类型，采用系统默认的拔模方向（Z轴方向），在"拔模方法"下拉列表中选择"固定面"，激活"选择固定面"，选取如图 5.98 所示的面作为固定面，激活"要拔模的面"区域的"选择面"，选取如图 5.98 所示的面（选取面之前将选择过滤器设置为相切面）作为拔模面，在"角度 1"文本框输入拔模角度为-10，在"拔模"对话框中单击"确定"按钮，完成拔模 1 的创建。

图 5.97　拔模 1

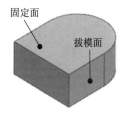

固定面

拔模面

图 5.98　固定面与拔模面

步骤 6：绘制草图。单击 主页 功能选项卡"直接草图"区域中的 🗋 按钮，系统会弹出"创建草图"对话框，在系统提示下，选取如图 5.99 所示的模型表面作为草图平面，绘制如图 5.100 所示的草图。

步骤 7：创建如图 5.101 所示的分割面。

草图平面

图 5.99 草图平面

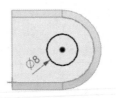

Ø8

图 5.100 草图

单击 主页 功能选项卡"特征"区域中的 ▲ 下的 ▾ (更多)按钮,在"修剪"区域选择 ⊖分割面 命令,系统会弹出"分割面"对话框,选取如图 5.102 所示的面作为要分割的面,在"分割对象"区域的"工具选项"下拉列表中选择"对象",激活"选择对象",选取步骤6 创建的草图作为分割对象,在"投影方向"的下拉列表中选择"垂直于曲线平面",单击"确定"按钮,完成分割面的创建。

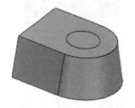

图 5.101 分割面

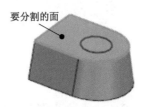

要分割的面

图 5.102 要分割的面

步骤 8:切换工作环境。单击 应用模块 功能选项卡"设计"区域中的 ▲"钣金"按钮,系统进入钣金设计环境。

步骤 9:显示钣金主体。在"部件导航器"中右击 🗋 SB 突出块,在弹出的快捷菜单中选择 ⚒ 显示(S) 命令。

步骤 10:选择命令。单击 主页 功能选项卡"冲孔"区域的 ▾ 按钮,在系统弹出的快捷菜单中选择 ⚙实体冲压 (或者选择下拉菜单"插入"→"冲孔"→"实体冲压"命令),系统会弹出"实体冲压"对话框。

步骤 11:定义类型。在"类型"下拉列表中选择"冲压"类型。

步骤 12:定义目标面。选取如图 5.103 所示的面作为目标面。

步骤 13:定义工具体。选取如图 5.104 所示的体作为工具体,激活"要穿透的面",选取如图 5.105 所示的两个面作为开口面。

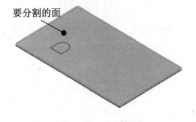

要分割的面

图 5.103 目标面

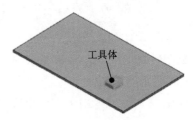

工具体

图 5.104 分割面

步骤 14：完成创建。单击"实体冲压"对话框中的"确定"按钮，完成实体冲压的创建，如图 5.106 所示。

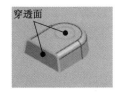

图 5.105　穿透面

图 5.106　实体冲压

5.5　钣金边角处理

5.5.1　法向开孔

4min

在钣金设计中"法向开孔"特征是应用较为频繁的特征之一，它是在已有的钣金模型中去除一定的材料，从而达到需要的效果。

下面以创建如图 5.107 所示的钣金为例，介绍钣金法向开孔的一般操作过程。

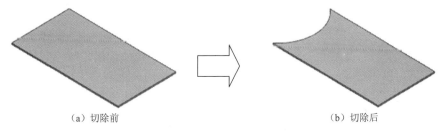

（a）切除前　　　　　　　　（b）切除后

图 5.107　法向开孔

步骤 1：打开文件 D:\UG12\work\ch05.05\01\法向切除-ex。

步骤 2：选择命令。单击 主页 功能选项卡"特征"区域中的 ▢ "法向开孔"命令（或者选择下拉菜单"插入"→"切割"→"法向开孔"命令），系统会弹出"法向开孔"对话框。

步骤 3：定义类型。在"类型"下拉列表中选择"草图"类型。

步骤 4：定义截面。在系统提示下选取如图 5.108 所示的模型表面作为草图平面。绘制如图 5.109 所示的截面草图。

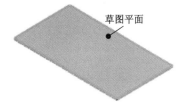

图 5.108　草图平面

图 5.109　截面草图

步骤 5：定义截面。在"开孔属性"区域的"切割方法"下拉列表中选择"厚度"，在"限制"下拉列表中选择"贯通"。

步骤 6：完成创建。单击"法向开孔"对话框中的"确定"按钮，完成法向开孔的创建。

5.5.2　封闭拐角

▶ 4min

封闭拐角可以修改两个相邻弯边特征间的缝隙并创建一个止裂口，在创建封闭拐角时需要确定希望封闭的两个折弯中的一个折弯。

下面以创建如图 5.110 所示的封闭拐角为例，介绍创建钣金封闭拐角的一般操作过程。

步骤 1：打开文件 D:\UG12\work\ch05.05\02\封闭拐角-ex。

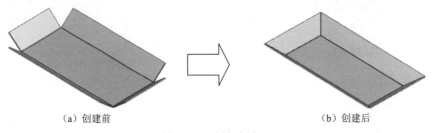

（a）创建前　　　　　　　　　　　　　（b）创建后

图 5.110　封闭拐角

步骤 2：选择命令。单击 主页 功能选项卡"拐角"区域中的 ⬡ 封闭拐角 命令（或者选择下拉菜单"插入"→"拐角"→"封闭拐角"命令），系统会弹出"封闭拐角"对话框。

步骤 3：定义命令。在"类型"下拉列表中选择"封闭和止裂口"类型。

步骤 4：选择要封闭的折弯。选取如图 5.111 所示的两个相邻折弯。

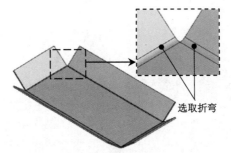

选取折弯

图 5.111　选择要封闭的折弯

步骤 5：参照步骤 4 选取其余 3 个相邻折弯。

步骤 6：定义拐角属性。在"处理"下拉列表中选择"打开"，在"重叠"下拉列表中选择"封闭"，在"缝隙"文本框输入 1。

步骤 7：完成创建。单击"封闭拐角"对话框中的"确定"按钮，完成封闭拐角的创建。

5.5.3　三折弯角

"三折弯角"命令是通过延伸折弯和弯边使 3 个相邻的位置封闭拐角。

下面以创建如图 5.112 所示的三折弯角为例，介绍创建三折弯角的一般操作过程。

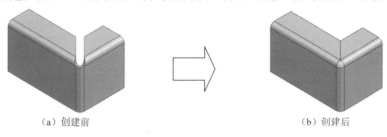

（a）创建前　　　　　　　　　　　（b）创建后

图 5.112　三折弯角

步骤 1：打开文件 D:\UG12\work\ch05.05\03\三折弯角-ex。

步骤 2：选择命令。选择下拉菜单"插入"→"拐角"→"三折弯角"命令，系统会弹出"三折弯角"对话框。

步骤 3：选择要封闭的折弯。选取如图 5.113 所示的两个相邻折弯。

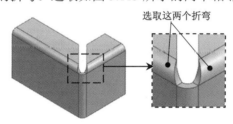

选取这两个折弯

图 5.113　选择要封闭的折弯

步骤 4：定义拐角属性。在"处理"下拉列表中选择"封闭"，取消选中"斜接角"复选项。

步骤 5：完成创建。单击"封闭拐角"对话框中的"确定"按钮，完成封闭拐角的创建。

5.6　钣金设计综合应用案例：啤酒开瓶器

案例概述：

本案例介绍啤酒开瓶器的创建过程，此案例比较适合初学者。通过学习此案例，可以对 UG NX 中钣金的基本命令有一定的认识，例如突出块、折弯及法向开孔等。该模型及部件导航器如图 5.114 所示。

步骤 1：新建文件。选择"快速访问工具条"中的 □ 命令，在"新建"对话框中选择"NX 钣金"模板，在名称文本框输入"啤酒开瓶器"，将工作目录设置为 D:\UG12\work\ch05.06\，然后单击"确定"按钮进入钣金设计环境。

(a) 零件模型 　　　　　　　　　　　　　(b) 部件导航器

图 5.114　零件模型及部件导航器

　　步骤 2：创建如图 5.115 所示的突出块。单击 主页 功能选项卡"基本"区域中的 ▧（突出块）按钮，系统会弹出"突出块"对话框，在系统提示下，选取"XY 平面"作为草图平面，绘制如图 5.116 所示的截面草图，绘制完成后单击 主页 选项卡"草图"区域的 ▦ 按钮退出草图环境，采用系统默认的厚度方向，单击"突出块"对话框中的"确定"按钮，完成突出块的创建。

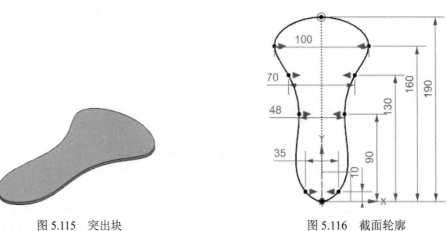

图 5.115　突出块 　　　　　　　　　　　　图 5.116　截面轮廓

　　步骤 3：创建如图 5.117 所示的法向除料 1。单击 主页 功能选项卡"特征"区域中的 ▢ "法向开孔"命令，系统会弹出"法向开孔"对话框，在"类型"下拉列表中选择"草图"类型，在系统提示下选取如图 5.117 所示的模型表面作为草图平面，绘制如图 5.118 所示的截面草图，在"开孔属性"区域的"切割方法"下拉列表中选择"厚度"，在"限制"下拉列表中选择"贯通"，单击"法向开孔"对话框中的"确定"按钮，完成法向开孔的创建。

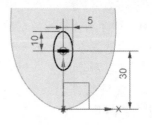

图 5.117　法向除料 1 　　　　　　　　　　图 5.118　截面草图

步骤4：创建如图5.119所示的法向除料2。单击 主页 功能选项卡"特征"区域中的 "法向开孔"命令，系统会弹出"法向开孔"对话框，在"类型"下拉列表中选择"草图"类型，在系统提示下选取如图5.119所示的模型表面作为草图平面，绘制如图5.120所示的截面草图。

图5.119　法向除料2

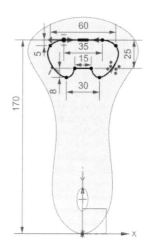

图5.120　截面草图

在"开孔属性"区域的"切割方法"下拉列表中选择"厚度"，在"限制"下拉列表中选择"贯通"，单击"法向开孔"对话框中的"确定"按钮，完成法向开孔的创建。

步骤5：创建如图5.121所示的折弯1。单击 主页 功能选项卡"折弯"区域的"折弯"按钮，系统会弹出"折弯"对话框，在系统提示下选取如图5.121所示的模型表面作为草图平面，绘制如图5.122所示的草图，绘制完成后单击"完成"按钮退出草图环境，在"折弯属性"区域的"角度"文本框输入20，将折弯方向与固定侧调整至如图5.123所示的方向，在"内嵌"下拉列表中选择"折弯中心线轮廓"，选中"延伸截面"复选框，在"折弯参数"区域中单击"折弯半径"文本框后的 =，选择使用局部值命令，然后输入半径值10，单击"折弯"对话框中的"确定"按钮，完成折弯的创建。

图5.121　折弯1

图5.122　截面草图

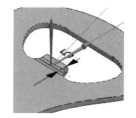

图5.123　折弯方向

步骤6：创建如图5.124所示的折弯2。单击 主页 功能选项卡"折弯"区域的"折弯"按钮，系统会弹出"折弯"对话框，在系统提示下选取如图5.124所示的模型表面作为草图平面，绘制如图5.125所示的草图，绘制完成后单击"完成"按钮退出草图环境，在"折弯属性"区域的"角度"文本框输入 20，将折弯方向与固定侧调整至如图 5.126 所示的方向，在"内嵌"下拉列表中选择"折弯中心线轮廓"，选中"延伸截面"复选框，在"折弯参数"区域中单击"折弯半径"文本框输入半径值 100，单击"折弯"对话框中的"确定"按钮，完成折弯的创建。

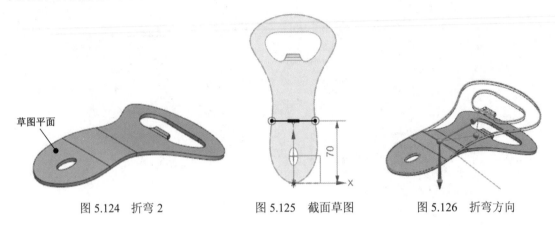

草图平面

图 5.124 折弯 2   图 5.125 截面草图   图 5.126 折弯方向

步骤 7：保存文件。选择"快速访问工具栏"中的"保存"命令，完成保存操作。

5.7   上机实操

上机实操：机床外罩，完成后的效果如图 5.127 所示。

图 5.127 上机实操

第 6 章

UG NX 装配设计

6.1 装配设计入门

在实际产品设计的过程中,零件设计只是一个最基础的环节,一个完整的产品是由许多零件组装而成的,只有将各个零件按照设计和使用的要求组装到一起,才能形成一个完整的产品,才能直观地表达出设计意图。

装配的作用:

(1)模拟真实产品组装,优化装配工艺。

零件的装配处于产品制造的最后阶段,产品最终的质量一般通过装配来得到保证和检验,因此,零件的装配设计是决定产品质量的关键环节。研究制定合理的装配工艺,采用有效的保证装配精度的装配方法,对进一步提高产品质量有十分重要的意义。UG NX 的装配模块能够模拟产品的实际装配过程。

(2)得到产品的完整数字模型,易于观察。

(3)检查装配体中各零件之间的干涉情况。

(4)制作爆炸视图,辅助实际产品的组装。

(5)制作装配体工程图。

装配设计一般有自顶向下装配和自下向顶装配两种方式。自下向顶设计是一种从局部到整体的设计方法,采用此方法设计产品的思路是先设计零部件,然后将零部件插入装配体文件中进行组装,从而得到整个装配体。这种方法在零件之间不存在任何参数关联,仅仅存在简单的装配关系;自顶向下设计是一种从整体到局部的设计方法,采用此方法设计产品的思路是,首先,创建一个反映装配体整体构架的一级控件,所谓控件就是控制元件,用于控制模型的外观及尺寸等,在设计中起承上启下的作用,最高级别称为一级控件;其次,根据一级控件来分配各个零件间的位置关系和结构,根据分配好的零件间的关系,完成各零件的设计。

装配中的相关术语及概念如下。

(1)零件:组成部件与产品的最基本单元。

(2)组件:可以是零件也可以是多个零件组成的子装配,它是组成产品的主要单元。

(3)装配约束:在装配过程中,装配约束用来控制组件与组件之间的相对位置,起到定位作用。

（4）装配体：也称为产品，是装配的最终结果，它是由组件及组件之间的装配约束关系组成的。

6.2 装配设计的一般过程

20min

使用 UG NX 进行装配设计的一般过程如下：

（1）新建一个"装配"文件，进入装配设计环境。

（2）装配第 1 个组件。

说明：装配第 1 个组件时包含两步操作，第 1 步引入组件；第 2 步通过装配约束定义组件位置。

（3）装配其他组件。

（4）制作爆炸视图。

（5）保存装配体。

（6）创建装配体工程图。

下面以装配如图 6.1 所示的车轮产品为例，介绍装配体创建的一般过程。

图 6.1 车轮产品

6.2.1 新建装配文件

步骤 1：选择命令。选择"快速访问工具栏"中的 □ 命令（或者选择下拉菜单"文件"→"新建"命令），系统会弹出"新建"对话框。

步骤 2：选择装配模板。在"新建"对话框中选择"装配"模板。

步骤 3：设置名称与工作目录。在"新文件名"区域的"名称"文本框中输入小车轮，将工作目录设置为 D:\UG12\work\ch06.02。

步骤 4：完成操作，单击"新建"对话框中的"确定"按钮，完成操作。

说明：进入装配环境后会自动弹出"添加组件"对话框。

6.2.2　装配第1个零件

步骤 1：选择要添加的组件。在"添加组件"对话框中单击  "打开"按钮，系统会弹出"部件名"对话框，选中"支架"部件，然后单击 OK 按钮。

说明：如果读者不小心关闭了"添加组件"对话框，则可以单击 装配 功能选项卡"组件"区域中的 "添加"按钮，系统会再次弹出"添加组件"对话框。

步骤 2：定位组件。在"添加组件"对话框的"放置"区域中选中"约束"单选项，在约束类型区域中选中 "固定"约束，在绘图区选取支架零件，单击"确定"按钮完成定位，如图 6.2 所示。

图 6.2　支架零件

6.2.3　装配第2个零件

1. 引入第2个零件

步骤 1：选择命令。选择 装配 功能选项卡"组件"区域中的 "添加"命令，系统会弹出"添加组件"对话框。

步骤 2：选择组件。在"添加组件"对话框中单击 "打开"按钮，系统会弹出"部件名"对话框，选中"车轮"部件，然后单击 OK 按钮。

步骤 3：调整组件位置。在"放置"区域选中"移动"单选项，确认"指定方位"被激活，此时在图形区可以看到如图 6.3 所示的坐标系，通过拖动方向箭头与旋转球调整模型值，使其调整到如图 6.4 所示的大概方位。

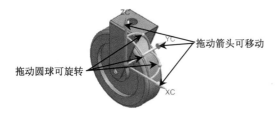

拖动箭头可移动

拖动圆球可旋转

图 6.3　移动坐标系　　　　　图 6.4　引入车轮零件

步骤 4：完成引入。单击"确定"按钮完成操作。

2. 定位第2个零件

步骤 1：选择命令。选择 装配 功能选项卡"组件位置"区域中的 "装配约束"命令，系统会弹出"装配约束"对话框。

步骤2：定义同轴心约束。在"约束类型"区域选中 （接触对齐）类型，在"方位"下拉列表中选择 ⬜自动判断中心/轴 ，在绘图区选取如图6.5所示的面1与面2作为约束面，完成同轴心约束的添加，效果如图6.6所示。

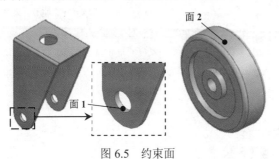

面2

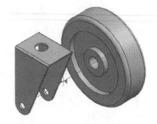

图 6.5　约束面　　　　　　　　　　　　　图 6.6　同轴心约束

步骤3：定义中心约束。在"约束类型"区域选中 （中心）类型，在"子类型"下拉列表中选择 2对2 ，在绘图区选取如图6.7所示的面1、面2、面3与面4作为约束面，完成中心约束的添加。

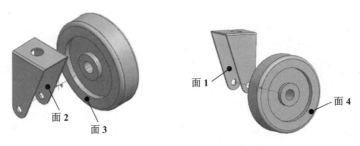

图 6.7　约束面

步骤4：完成定位，单击"装配约束"对话框中的"确定"按钮，完成车轮零件的定位，效果如图6.8所示。

图 6.8　中心约束

6.2.4　装配第3个零件

1. 引入第3个零件

步骤1：选择命令。选择 装配 功能选项卡"组件"区域中的 "添加"命令，系统会弹出"添加组件"对话框。

步骤2：选择组件。在"添加组件"对话框中单击  "打开"按钮，系统会弹出"部件名"对话框，选中"定位销"部件，然后单击OK按钮。

步骤3：调整组件位置。在"放置"区域选中"移动"单选项，确认"指定方位"被激活，通过拖动方向箭头与旋转球调整模型值，使其调整到如图6.9所示的大概方位，单击"确定"按钮完成操作。

图6.9　引入定位销零件

2. 定位第3个零件

步骤1：选择命令。选择 装配 功能选项卡"组件位置"区域中的 🖼 "装配约束"命令，系统会弹出"装配约束"对话框。

步骤2：定义同轴心约束。在"约束类型"区域选中 ▐▌▌（接触对齐）类型，在"方位"下拉列表中选择 🖙 自动判断中心/轴 ，在绘图区选取如图6.10所示的面1与面2作为约束面，完成同轴心配合的添加，效果如图6.11所示。

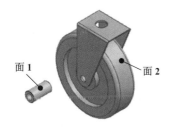

图6.10　约束面

图6.11　同轴心约束

步骤3：定义中心约束。在"约束类型"区域选中 ▐▌（中心）类型，在"子类型"下拉列表中选择 2对2 ，在绘图区选取如图6.12所示的面1、面2、面3与面4作为约束面，完成中心约束的添加。

步骤4：完成定位，单击"装配约束"对话框中的"确定"按钮，完成定位销零件的定位，效果如图6.13所示（隐藏车轮后的效果）。

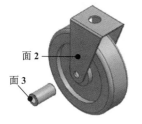

图6.12　约束面

图6.13　中心约束

6.2.5 装配第 4 个零件

1. 引入第 4 个零件

步骤 1：选择命令。选择 装配 功能选项卡"组件"区域中的 ✦ "添加"命令，系统会弹出"添加组件"对话框。

步骤 2：选择组件。在"添加组件"对话框中单击 ⬚ "打开"按钮，系统会弹出"部件名"对话框，选中"固定螺钉"部件，然后单击 OK 按钮。

步骤 3：调整组件位置。在"放置"区域选中"移动"单选项，确认"指定方位"被激活，通过拖动方向箭头与旋转球调整模型值，使其调整到如图 6.14 所示的大概方位，单击"确定"按钮完成操作。

图 6.14 引入固定螺钉零件

2. 定位第 4 个零件

步骤 1：选择命令。选择 装配 功能选项卡"组件位置"区域中的 ⬙ "装配约束"命令，系统会弹出"装配约束"对话框。

步骤 2：定义同轴心约束。在"约束类型"区域选中 ⬙⬙ （接触对齐）类型，在"方位"下拉列表中选择 ⬚ 自动判断中心/轴 ，在绘图区选取如图 6.15 所示的面 1 与面 2 作为约束面，完成同轴心约束的添加，效果如图 6.16 所示。

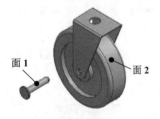

图 6.15 约束面

图 6.16 同轴心约束

步骤 3：定义接触约束。在"约束类型"区域选中 ⬙⬙ （接触对齐）类型，在"方位"下拉列表中选择 ⬙ 接触 ，在绘图区选取如图 6.17 所示的面 1 与面 2 作为约束面，完成接触约束的添加。

步骤 4：完成定位，单击"装配约束"对话框中的"确定"按钮，完成固定螺钉零件的定位，效果如图 6.18 所示。

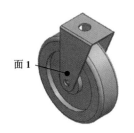

图6.17　约束面

图6.18　接触约束

6.2.6　装配第5个零件

1. 引入第5个零件

步骤1：选择命令。选择 装配 功能选项卡"组件"区域中的 🖺* "添加"命令，系统会弹出"添加组件"对话框。

步骤2：选择组件。在"添加组件"对话框中单击 📂 "打开"按钮，系统会弹出"部件名"对话框，选中"连接轴"部件，然后单击OK按钮。

步骤3：调整组件位置。在"放置"区域选中"移动"单选项，确认"指定方位"被激活，通过拖动方向箭头与旋转球调整模型值，使其调整到如图6.19所示的大概方位，单击"确定"按钮完成操作。

图6.19　引入连接轴零件

2. 定位第5个零件

步骤1：选择命令。选择 装配 功能选项卡"组件位置"区域中的 🔧 "装配约束"命令，系统会弹出"装配约束"对话框。

步骤2：定义同轴心约束。在"约束类型"区域选中 🔧 （接触对齐）类型，在"方位"下拉列表中选择 ⬚ 自动判断中心/轴 ，在绘图区选取如图6.20所示的面1与面2作为约束面，完成同轴心约束的添加，效果如图6.21所示。

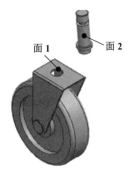

图6.20　约束面

图6.21　同轴心约束

步骤3：定义接触约束。在"约束类型"区域选中 🔧 （接触对齐）类型，在"方位"

下拉列表中选择 ▶◀ 接触 ，在绘图区选取如图 6.22 所示的面 1 与面 2 作为约束面，完成接触约束的添加。

步骤 4：完成定位，单击"装配约束"对话框中的"确定"按钮，完成连接轴零件的定位，效果如图 6.23 所示。

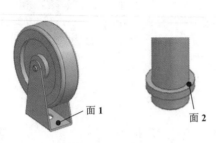

面 1

面 2

图 6.22　约束面

图 6.23　接触约束

步骤 5：保存文件。选择"快速访问工具栏"中的"保存"命令，完成保存操作。

6.3　装配约束

通过定义装配约束，可以指定零件相对于装配体（组件）中其他组件的放置方式和位置。装配约束的类型包括重合、平行、垂直和同轴心等。在 UG NX 中，一个零件通过装配约束添加到装配体后，它的位置会随着与其有约束关系的组件的改变而相应地改变，而且约束设置值作为参数可随时修改，并可与其他参数建立关系方程，这样整个装配体实际上是一个参数化的装配体。

关于装配约束，需要注意以下几点：

（1）一般来讲，建立一个装配约束时，应选取零件参照和部件参照。零件参照和部件参照是零件和装配体中用于配合定位和定向的点、线、面。例如通过"重合"约束将一根轴放入装配体的一个孔中，轴的圆柱面或者中心轴就是零件参照，而孔的圆柱面或者中心轴就是部件参照。

（2）要对一个零件在装配体中完整地指定放置和定向（完整约束），往往需要定义多个装配约束。

（3）系统一次只可以添加一个配合。例如不能用一个"重合"约束将一个零件上的两个不同的孔与装配体中的另一个零件上的两个不同的孔对齐，必须定义两个不同的重合约束。

1. "接触对齐"约束

"接触对齐"约束可以添加两个组件的点、线或者面中的任意两个对象之间重合。

接触对齐的方位主要包含 ⚹ 首选接触（首选接触）、▶◀ 接触 、↘ 对齐 和 ⬚ 自动判断中心/轴。

⚹ 首选接触：用于当接触与对齐均可添加时，优先选择添加接触约束。

▶◀ 接触：使两个面法向方向相反重合。

⫶ 对齐 ：使两个面法向方相同重合。

⬢ 自动判断中心/轴 ：将所选两个圆柱面处于同轴心位置，该配合经常用于轴类零件的装配。

2．"同心"约束

"同心"约束可以约束两条圆边或者椭圆边以使中心重合并使边的平面共面。

3．"距离"约束

"距离"约束可以使两个零部件上的点、线或面建立一定距离来限制零部件的相对位置关系。

4．"平行"约束

"平行"约束可以添加两个零部件（线或者面）的两个对象之间（线与线平行、线与面平行、面与面平行）的平行关系，并且可以改变平行的方向。

5．"垂直"约束

"垂直"约束可以添加两个零部件（线或者面）的两个对象之间（线与线垂直、线与面垂直、面与面垂直）的垂直关系，并且可以改变垂直的方向。

6．"中心"约束

"中心"约束可以使一对对象之间的一个或两个对象居中，或使一对对象沿另一个对象居中，在子类型列表中包含 1对2 、 2对1 和 2对2 。

1对2 ：用于使后选的两个对象关于第 1 个对象对称。

2对1 ：用于使前两个对象关于第 3 个对象对称。

2对2 ：用于使前两个对象的中心面与后两个对象的中心面重合。

7．"角度"约束

"角度"约束可以使两个元件上的线或面建立一个角度，从而限制部件的相对位置关系。

6.4　引用集

▶ 7min

引用集可以控制每个组件加载到装配中的数据。对于一个模型来讲，它可能包含了实体、基准、曲面等内容，一般情况下用户在将组件调用到装配中时不需要对全部数据进行调用，我们只需对装配用的内容进行调用，这就需要引用集进行管理。

合理使用引用集有以下几个作用：简化模型、可以实现将模型中某个组件的某一部分单独显示出来、使用内存更少，加载重算时间更短、图形显示更整齐等。

下面以如图 6.24 所示的产品为例介绍创建及使用引用集的一般操作过程。

步骤 1：打开零件文件 D:\UG12\work\ch06.04\引用集 01。

步骤 2：选择命令。选择下拉菜单"格式"→"引用集"命令，系统会弹出"引用集"对话框。

步骤 3：新建引用集。在"引用集"对话框中单击 ▯ （添加新的引用集）按钮，然后在"引用集名称"文本框输入"两实体引用集"，按 Enter 键确认。

(a) 替换引用集前   (b) 替换引用集后

图 6.24　引用集

步骤 4：定义引用集包含的内容。选取如图 6.25 所示的两个圆柱实体作为引用集的对象。

步骤 5：单击"关闭"按钮完成引用集的创建。

步骤 6：打开装配文件 D:\UG12\work\ch06.04\引用集-ex。

步骤 7：替换引用集。在装配导航器中右击"引用集 01"选择替换引用集节点下的"两实体引用集"，完成后如图 6.26 所示。

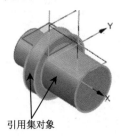

引用集对象

图 6.25　引用集对象

图 6.26　替换引用集

注意：引用集在选取实体特征时是以实体为单位进行选取的，也就说明如图 6.25 所示的模型包含 3 个体，如何才可以得到多体的零件呢？这就需要在创建实体特征时，将布尔运算设置为无。

6.5　组件的复制

7min

6.5.1　镜像复制

在装配体中，经常会出现两个零部件关于某一平面对称的情况，此时，不需要再次为装配体添加相同的零部件，只需将原有零部件进行镜像复制。下面以如图 6.27 所示的产品为例介绍镜像复制的一般操作过程。

步骤 1：打开文件 D:\UG12\work\ch06.05\01\镜像复制-ex。

步骤 2：替换引用集。在装配导航器右击"镜像 01"，在弹出的快捷菜单中依次选择 替换引用集 → [Entire Part] 命令。

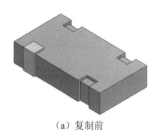 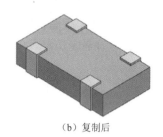

（a）复制前　　　　　　　　　　　　　　（b）复制后

图.6.27　镜像复制

注意：替换引用集的目的是显示镜像 01 零件中的基准坐标系，后面镜像需要使用 XZ 与 YZ 平面作为镜像中心平面。

步骤 3：选择命令。选择 装配 功能选项卡"组件"区域中的 镜像装配 命令（或者选择下拉菜单"装配"→"组件"→"镜像装配"命令），系统会弹出"镜像装配向导"对话框。

步骤 4：选择要镜像的组件。单击"镜像装配向导"对话框中的 下一步 > 按钮，在系统提示下选取如图 6.28 所示的零件作为要镜像的组件。

步骤 5：选择要镜像的镜像平面。单击"镜像装配向导"对话框中的 下一步 > 按钮，在系统提示下选取"YZ 平面"作为镜像中心平面。

步骤 6：设置命名策略。单击"镜像装配向导"对话框中的 下一步 > 按钮，采用系统默认的命名策略。

步骤 7：镜像设置。单击"镜像装配向导"对话框中的 下一步 > 按钮，选中"组件"区域的"镜像 02"，然后单击 "关联镜像"。

步骤 8：完成镜像。单击"镜像装配向导"对话框中的 下一步 > 按钮，单击"完成"按钮，完成操作，如图 6.29 所示。

说明：单击 下一步 > 按钮后，有可能会弹出"镜像组件"对话框，直接单击"确定"按钮即可。

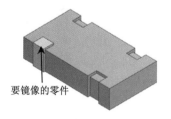

要镜像的零件

图 6.28　选择要镜像的组件

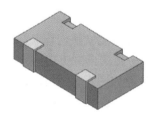

图 6.29　镜像复制

步骤 9：选择命令。选择 装配 功能选项卡"组件"区域中的 镜像装配 命令，系统会弹出"镜像装配向导"对话框。

步骤 10：选择要镜像的组件。单击"镜像装配向导"对话框中的 下一步 > 按钮，在系统提示下选取"镜像 02"与"MIRROR_镜像 02"零件作为要镜像的组件。

步骤 11：选择要镜像的镜像平面。单击"镜像装配向导"对话框中的 下一步 > 按钮，在系统提示下选取"XZ 平面"作为镜像中心平面。

步骤 12：设置命名策略。单击"镜像装配向导"对话框中的 下一步> 按钮，采用系统默认的命名策略。

步骤 13：镜像设置。单击"镜像装配向导"对话框中的 下一步> 按钮，选中"组件"区域的"镜像 02"与"MIRROR_镜像 02"，然后单击 关联镜像"。

步骤 14：完成镜像。单击"镜像装配向导"对话框中的 下一步> 按钮，单击"完成"按钮，完成操作，如图 6.27（b）所示。

6.5.2　阵列组件

1. 线性阵列

"线性阵列"可以将零部件沿着一个或者两个线性的方向进行规律性复制，从而得到多个副本。下面以如图 6.30 所示的装配为例，介绍线性阵列的一般操作过程。

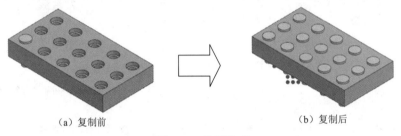

（a）复制前　　　　　　　　　　　　　　　（b）复制后

图 6.30　线性阵列

步骤 1：打开文件 D:\UG12\work\ch06.05\02\线性阵列-ex。

步骤 2：选择命令。选择 装配 功能选项卡"组件"区域中的 阵列组件 命令（或者选择下拉菜单"装配"→"组件"→"阵列组件"命令），系统会弹出"阵列组件"对话框。

步骤 3：定义阵列类型。在"阵列定义"区域的"布局"下拉列表中选择"线性"。

步骤 4：定义要阵列的组件。在"阵列组件"对话框中确认"要形成阵列的组件"区域的"选择组件"被激活，选取如图 6.31 所示的组件 1 作为要阵列的组件。

步骤 5：定义阵列方向 1。在"阵列组件"对话框的"方向 1"区域激活"指定向量"，在图形区选取如图 6.32 所示的边（靠近右侧选取）作为阵列参考方向（与 X 轴正方向相同）。

步骤 6：设置方向 1 阵列参数。在"阵列组件"对话框的"间距"下拉列表中选择"数量和间隔"，在"数量"文本框中输入 5（方向 1 共计 5 个实例），在"间隔"文本框中输入 60（相邻两个实例之间的间距为 60）。

步骤 7：定义阵列方向 2。在"阵列组件"对话框选中"使用方向 2"复选框，确认"方向 2"区域激活"指定向量"，在图形区选取如图 6.33 所示的边（靠近上侧选取）作为阵列参考方向（与 Y 轴正方向相同）。

步骤 8：设置方向 2 阵列参数。在"阵列组件"对话框的"间距"下拉列表中选择"数量和间隔"，在"数量"文本框中输入 3，在"间隔"文本框中输入 50。

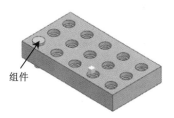

组件

图6.31　要阵列的组件

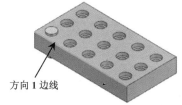

方向1边线

图6.32　阵列方向1

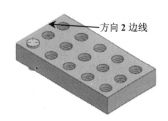

方向2边线

图6.33　阵列方向2

步骤9：单击"确定"按钮，完成线性阵列的操作。

2. 圆形阵列

▶ 3min

"圆形阵列"可以将零部件绕着一根中心轴进行圆周规律复制，从而得到多个副本。下面以如图6.34所示的装配为例，介绍圆形阵列的一般操作过程。

（a）圆形阵列前

（b）圆形阵列后

图6.34　圆形阵列

步骤1：打开文件D:\UG12\work\ch06.05\03\圆形阵列-ex。

步骤2：选择命令。选择　装配　功能选项卡"组件"区域中的 ⁺ 阵列组件 命令，系统会弹出"阵列组件"对话框。

步骤3：定义阵列类型。在"阵列定义"区域的"布局"下拉列表中选择"圆形"。

步骤4：定义要阵列的组件。在"阵列组件"对话框中确认"要形成阵列的组件"区域的"选择组件"被激活，选取如图6.35所示的卡盘爪作为要阵列的组件。

步骤5：定义阵列旋转轴。在"阵列组件"对话框的"旋转轴"区域激活"指定向量"，在图形区选取如图6.36所示的圆柱面作为阵列参考方向。

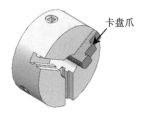

卡盘爪

图6.35　要阵列的组件

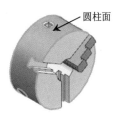

圆柱面

图6.36　阵列中心轴

步骤6：设置阵列参数。在"阵列组件"对话框的"间距"下拉列表中选择"数量和跨距"，在"数量"文本框输入 3（共计 3 个实例），在"跨角"文本框输入 360（在 360°范围内均匀分布）。

步骤 7：单击"确定"按钮，完成圆形阵列的操作。

3. 参考阵列

"参考阵列"是以装配体中某一组件的阵列特征为参照进行组件的复制，从而得到多个副本。下面以如图 6.37 所示的装配为例，介绍参考阵列的一般操作过程。

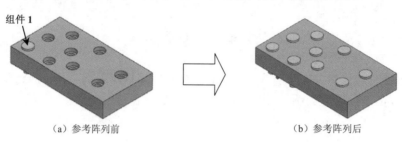

| （a）参考阵列前 | （b）参考阵列后 |

图 6.37　参考阵列

步骤 1：打开文件 D:\UG12\work\ch06.05\04\参考阵列-ex。

步骤 2：选择命令。选择 装配 功能选项卡"组件"区域中的 阵列组件 命令，系统会弹出"阵列组件"对话框。

步骤 3：定义阵列类型。在"阵列定义"区域的"布局"下拉列表中选择"参考"。

步骤 4：定义要阵列的组件。在"阵列组件"对话框中确认"要形成阵列的组件"区域的"选择组件"被激活，选取如图 6.37 所示的组件 1 作为要阵列的组件。

步骤 5：设置阵列参数。选取参考 01 零件中的孔特征作为阵列参考，选取如图 6.37 所示组件 1 位置的基本实例手柄。

步骤 6：单击"确定"按钮，完成参考阵列的操作。

6.6　组件的编辑

在装配体中，可以对该装配体中的任何组件进行下面的一些操作：组件的打开与删除、组件尺寸的修改、组件装配约束的修改（如距离约束中距离值的修改）及组件装配约束的重定义等。完成这些操作一般要从装配导航器开始。

6.6.1　修改组件尺寸

下面以如图 6.38 所示的装配体模型为例，介绍修改装配体中组件尺寸的一般操作过程。

1. 单独打开修改组件尺寸

步骤 1：打开文件 D:\UG12\work\ch06.06\01\修改组件尺寸-ex。

步骤 2：单独打开组件。在装配导航器中右击修改 02 零件，在系统弹出的快捷菜单中选择 在窗口中打开 命令。

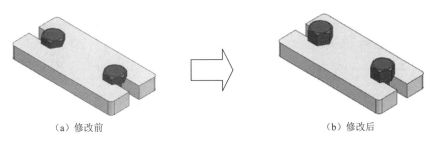

（a）修改前　　　　　　　　　　　　　　（b）修改后

图 6.38　修改组件尺寸

步骤 3：定义修改特征。在"部件导航器"中右击"拉伸 2"，在弹出的快捷菜单中选择 **可回滚编辑...** 命令，系统会弹出"拉伸"对话框。

步骤 4：更改尺寸。在"拉伸"对话框"限制"区域的"距离"文本框中，将深度值 15 修改为 25，单击"确定"按钮，完成特征的修改。

步骤 5：将窗口切换到总装配。选择下拉菜单"窗口"→"修改组件尺寸-ex"命令，即可切换到装配环境。

2. 装配中直接编辑修改

步骤 1：打开文件 D:\UG12\work\ch06.06\01\修改组件尺寸-ex。

步骤 2：选择命令。在装配导航器中修改 02 组件节点上右击，在系统弹出的快捷菜单中选择 **设为工作部件** 命令（或者双击修改 02 组件），此时进入建模的环境。

步骤 3：定义修改特征。在"部件导航器"中右击"拉伸 2"，在弹出的快捷菜单中选择 **可回滚编辑...** 命令，系统会弹出"拉伸"对话框。

步骤 4：更改尺寸。在"拉伸"对话框"限制"区域的"距离"文本框中，将深度值 15 修改为 25，单击"确定"按钮，完成特征的修改。

步骤 5：激活总装配。在"装配导航器"中右击"修改组件尺寸-ex"节点，选择 **设为工作部件** 命令。

6.6.2　添加装配特征

下面以如图 6.39 所示的装配体模型为例，介绍添加装配特征的一般操作过程。

▶5min

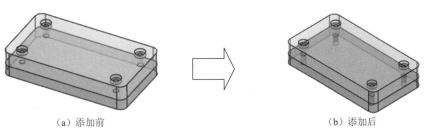

（a）添加前　　　　　　　　　　　　　　（b）添加后

图 6.39　添加装配特征

步骤 1：打开文件 D:\UG12\work\ch06.06\02 添加装配特征-ex。

步骤2：激活编辑零件。在"装配导航器"中右击"装配特征02"，在系统弹出的快捷菜单中选择  命令。

步骤3：选择命令。单击 主页 功能选项卡"特征"区域中的 🔷 孔 按钮，系统会弹出"孔"对话框。

步骤4：定义打孔平面。选取装配特征 02 组件的上表面（装配特征 01 与装配特征 02 的接触面）为打孔平面。

步骤5：定义孔的位置。在打孔面上的任意位置单击，以初步确定打孔的初步位置，然后通过添加几何约束确定精确定位孔，如图 6.40 所示，单击 主页 功能选项卡"草图"区域中的 🔲 （完成）按钮退出草图环境。

步骤6：定义孔的类型及参数。在"孔"对话框的"类型"下拉列表中选择"常规孔"类型，在"形状和尺

图 6.40　定义孔位置

寸"区域的"成型"下拉列表中选择"简单孔"，在"直径"文本框中输入 8。在"深度限制"下拉列表中选择"贯通体"。

步骤7：完成操作。在"孔"对话框中单击"确定"按钮，完成孔的创建。

步骤8：激活总装配。在"装配导航器"中右击添加装配特征-ex 节点，选择 命令。

6.6.3　添加组件

下面以如图 6.41 所示的装配体模型为例，介绍添加组件的一般操作过程。

（a）添加前

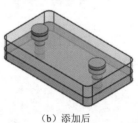
（b）添加后

图 6.41　添加组件

步骤1：打开文件 D:\UG12\work\ch06.06\03\添加组件-ex。

步骤2：选择命令。选择 装配 功能选项卡"组件"区域中的 🔳 （新建）命令，系统会弹出"新组件文件"对话框。

步骤3：选择模板。在"新组件文件"对话框的"名称"区域选择"模型"模板。

步骤4：设置新组件的名称。在"新文件名"区域的"名称"文本框输入螺栓。

步骤5：单击"确定"按钮，系统会弹出"新建组件"对话框，再次单击"确定"按钮完成组件的添加，此时可以在装配导航器看到"螺栓"节点。

步骤6：编辑螺栓组件。在装配导航器中螺栓组件节点上右击，在系统弹出的快捷菜单

中选择 ⊞ **设为工作部件** 命令，此时进入建模的环境，如图 6.42 所示。

步骤 7：创建旋转特征。单击 主页 功能选项卡"特征"区域中的 ⊕ **旋转 ▼** 按钮，系统会弹出"旋转"对话框，在系统提示下，选取"ZX 平面"作为草图平面，进入草图环境，绘制如图 6.43 所示的草图，在"旋转"对话框激活"轴"区域的"指定向量"，选取长度为 50 的竖直线作为旋转轴，在"旋转"对话框的"限制"区域的"开始"下拉列表中选择"值"，在"角度"文本框输入 0；在"结束"下拉列表中选择"值"，然后在"角度"文本框中输入 360，单击"确定"按钮，完成旋转 1 的创建，如图 6.44 所示。

图 6.42　建模环境　　　　图 6.43　截面草图

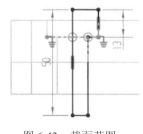

图 6.44　旋转 1

步骤 8：激活总装配。在"装配导航器"中右击添加组件-ex 节点，选择 ⊞ **设为工作部件** 命令。

步骤 9：替换引用集。在"装配导航器"右击"螺栓"节点，依次选择"替换引用集"→ model 命令。

说明：替换引用集的目的是将螺栓零件显示在总装配中，默认情况下，螺栓在装配中不显示，原因是系统默认选择了 part 的引用集，此引用集不包含实体。

步骤 10：镜像组件。选择 装配 功能选项卡"组件"区域中的 ⊞ **镜像装配** 命令，系统会弹出"镜像装配向导"对话框；单击 下一步> 按钮，在系统提示下选取"螺栓"零件作为要镜像的组件；单击的 下一步> 按钮，在系统提示下选取装配特征 01 组件中的 YZ 平面作为镜像中心平面；单击 下一步> 按钮，采用系统默认的命名策略；单击 下一步> 按钮，选中"组件"区域的"螺栓"，然后单击 🔳 "关联镜像"；单击 下一步> 按钮，单击"完成"按钮，完成操作，如图 6.41（b）所示。

6.7　爆炸视图

装配体中的爆炸视图是将装配体中的各零部件沿着直线或坐标轴移动，使各个零件从装配体中分解出来。爆炸视图对于表达装配体中所包含的零部件，以及各零部件之间的相对位置关系非常有帮助，在实际应用中的装配工艺卡片就可以通过爆炸视图来具体制作。

下面以如图 6.45 所示的爆炸视图为例，介绍制作爆炸视图的一般操作过程。

步骤 1：打开文件 D:\UG12\work\ch06.07\爆炸视图-ex。

▶ 6min

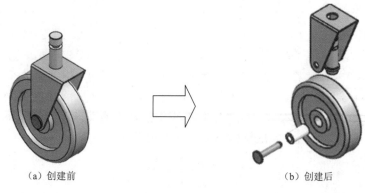

(a) 创建前   (b) 创建后

图 6.45   爆炸视图

步骤 2：选择命令。单击 装配 功能选项卡"爆炸图"区域中的 （新建爆炸）按钮（或者选择下拉菜单"装配"→"爆炸图"→"新建爆炸"命令），系统会弹出"新建爆炸"对话框。

步骤 3：设置爆炸名称。在"新建爆炸"对话框"名称"文本框输入爆炸名称（采用默认）。

步骤 4：编辑爆炸。单击 装配 功能选项卡"爆炸图"区域中的 （编辑爆炸）按钮，系统会弹出"编辑爆炸"对话框。

步骤 5：创建爆炸步骤 1。

（1）定义要爆炸的零件。在图形区选取如图 6.46 所示的固定螺钉，按鼠标中键确认。

（2）确定爆炸方向。选取如图 6.47 所示的 X 轴作为移动方向。

（3）定义爆炸距离。在"编辑爆炸"对话框"距离"文本框中输入 200。

注意：如果想沿着 X 轴负方向移动，则只需在距离文本框输入负值。

（4）完成爆炸。在"编辑爆炸"对话框中单击"确定"按钮完成爆炸，如图 6.48 所示。

图 6.46   爆炸零件   图 6.47   爆炸方向   图 6.48   爆炸 1

步骤 6：创建爆炸步骤 2。

（1）编辑爆炸。单击 装配 功能选项卡"爆炸图"区域中的 （编辑爆炸）按钮，系统会弹出"编辑爆炸"对话框。

（2）定义要爆炸的零件。在图形区选取如图 6.49 所示的支架与连接轴，按鼠标中键确认。

（3）确定爆炸方向。选取如图 6.50 所示的 Z 轴作为移动方向。

（4）定义爆炸距离。在"编辑爆炸"对话框"距离"文本框中输入 170。

（5）完成爆炸。在"编辑爆炸"对话框中单击"确定"按钮完成爆炸，如图 6.51 所示。

图 6.49 爆炸零件

图 6.50 爆炸方向

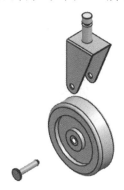
图 6.51 爆炸 2

步骤 7：创建爆炸步骤 3。

（1）编辑爆炸。单击 装配 功能选项卡"爆炸图"区域中的 🔧 （编辑爆炸）按钮，系统会弹出"编辑爆炸"对话框。

（2）定义要爆炸的零件。在图形区选取如图 6.52 所示的连接轴，按鼠标中键确认。

（3）确定爆炸方向。选取如图 6.53 所示的 X 轴作为移动方向。

（4）定义爆炸距离。在"编辑爆炸"对话框"距离"文本框中输入 100。

（5）完成爆炸。在"编辑爆炸"对话框中单击"确定"按钮完成爆炸，如图 6.54 所示。

图 6.52 爆炸零件

图 6.53 爆炸方向

图 6.54 爆炸 3

步骤 8：创建爆炸步骤 4。

（1）编辑爆炸。单击 装配 功能选项卡"爆炸图"区域中的 🔧 （编辑爆炸）按钮，系统会弹出"编辑爆炸"对话框。

（2）定义要爆炸的零件。在图形区选取如图 6.55 所示的定位销，按鼠标中键确认。

（3）确定爆炸方向。选取如图 6.56 所示的 Y 轴作为移动方向。

（4）定义爆炸距离。在"编辑爆炸"对话框"距离"文本框中输入-100。

（5）完成爆炸。在"编辑爆炸"对话框中单击"确定"按钮完成爆炸，如图6.57所示。

步骤9：完成爆炸。

图 6.55　爆炸零件

图 6.56　爆炸方向

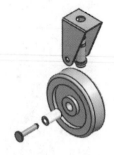

图 6.57　爆炸 4

第7章

UG NX 模型的测量与分析

7.1 模型的测量

7.1.1 基本概述

产品设计离不开模型的测量与分析。本节主要介绍空间点、线、面距离的测量、角度的测量、曲线长度的测量、面积的测量等。这些测量工具在产品零件设计及装配设计中经常用到。

7.1.2 测量距离

UG NX 中可以测量的距离包括点到点的距离、点到线的距离、点到面的距离、线到线的距离、面到面的距离等。下面以如图 7.1 所示的模型为例，介绍测量距离的一般操作过程。

图 7.1　测量距离

步骤 1：打开文件 D:\UG12\work\ch07.01\模型测量 01。

步骤 2：选择命令。选择 分析 功能选项卡"测量"区域中的 测量距离 命令，系统会弹出"测量距离"对话框。

步骤 3：测量面到面的距离。在"测量距离"对话框的"类型"下拉列表中选择"距离"，依次选取如图 7.2 所示的面 1 与面 2，在"距离"下拉列表中选择"最小值"选项，此时在图形区会显示测量结果。

步骤 4：测量点到面的投影距离。在"测量距离"对话框的"类型"下拉列表中选择"投影距离"，在向量的下拉列表中选择 XC，选取如图 7.3 所示的点 1 与面 1，在"距离"

下拉列表中选择"最小值"选项，此时在图形区会显示测量结果。

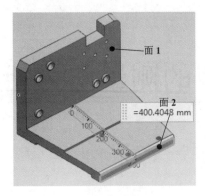

图 7.2　测量面到面的距离

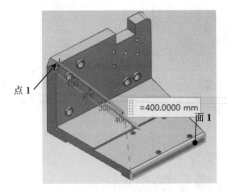

图 7.3　测量点到面的投影距离

说明：在"距离"下拉列表中包含"最小值"（用于测量两对象之间的最小距离）、"最大值"（用于测量两对象之间的最大距离）。

步骤 5：测量点到线的距离。在"测量距离"对话框的"类型"下拉列表中选择"距离"，依次选取如图 7.4 所示的点 1 与线 1，在"距离"下拉列表中选择"最小值"选项，此时在图形区会显示测量结果。

步骤 6：测量点到点的距离。在"测量距离"对话框的"类型"下拉列表中选择"距离"，依次选取如图 7.5 所示的点 1 与点 2，在"距离"下拉列表中选择"最小值"选项，此时在图形区会显示测量结果。

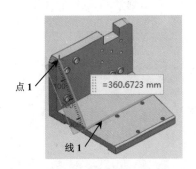

图 7.4　测量点到线的距离

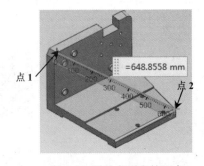

图 7.5　测量点到点的距离

步骤 7：测量线到线的距离。在"测量距离"对话框的"类型"下拉列表中选择"距离"，依次选取如图 7.6 所示的线 1 与线 2，在"距离"下拉列表中选择"最小值"选项，此时在图形区会显示测量结果。

步骤 8：测量线到面的距离。在"测量距离"对话框的"类型"下拉列表中选择"距离"，依次选取如图 7.7 所示的线 1 与面 1，在"距离"下拉列表中选择"最小值"选项，此时在图形区会显示测量结果。

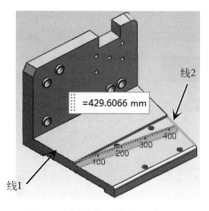

图 7.6　测量线到线的距离

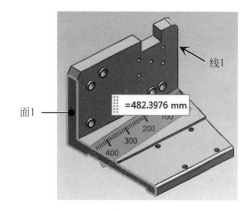

图 7.7　测量线到面的距离

7.1.3　测量角度

UG NX 中可以测量的角度包括线与线的角度、线与面的角度、面与面的角度等。下面以如图 7.8 所示的模型为例，介绍测量角度的一般操作过程。

图 7.8　测量角度

步骤 1：打开文件 D:\UG12\work\ch07.01\模型测量 02。

步骤 2：选择命令。选择 分析 功能选项卡"测量"区域中的 📐 测量角度 命令，系统会弹出"测量角度"对话框。

步骤 3：测量面与面的角度。在"测量角度"对话框的"类型"下拉列表中选择"按对象"，依次选取如图 7.9 所示的面 1 与面 2，在"评估平面"下拉列表中选择"真实角度"选项，在"方向"下拉列表中选择"内角"选项，此时在图形区会显示测量结果。

步骤 4：测量线与面的角度。在"测量角度"对话框的"类型"下拉列表中选择"按对象"，依次选取如图 7.10 所示的线 1 与面 1，在"评估平面"下拉列表中选择"真实角度"选项，在"方向"下拉列表中选择"内角"选项，此时在图形区会显示测量结果。

步骤 5：测量线与线的角度。在"测量角度"对话框的"类型"下拉列表中选择"按对象"，依次选取如图 7.11 所示的线 1 与线 2，在"评估平面"下拉列表中选择"3D"选项，在"方向"下拉列表中选择"内角"选项，此时在图形区会显示测量结果。

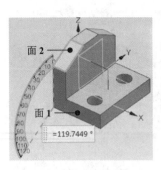 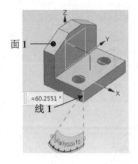 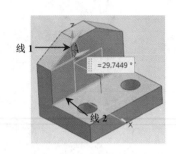

图 7.9　测量面与面的角度　　　图 7.10　测量线与面的角度　　　图 7.11　测量线与线的角度

3min

7.1.4　测量曲线长度

下面以如图 7.12 所示的模型为例，介绍测量曲线长度的一般操作过程。

步骤 1：打开文件 D:\UG12\work\ch07.01\模型测量 03。

步骤 2：选择命令。选择 分析 功能选项卡"测量"区域中的 ⊨⊟ 测量距离 命令，系统会弹出"测量距离"对话框。

步骤 3：测量样条曲线的长度。在"测量距离"对话框的"类型"下拉列表中选择"长度"，选取如图 7.13 所示的样条曲线，此时在图形区会显示测量结果。

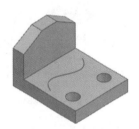 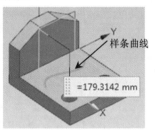

图 7.12　测量曲线长度　　　　　　　图 7.13　测量样条曲线长度

步骤 4：测量圆的长度。在"测量距离"对话框的"类型"下拉列表中选择"长度"，选取如图 7.14 所示的圆对象，此时在图形区会显示测量结果。

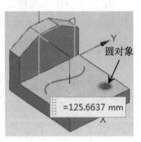

图 7.14　测量圆的长度

7.1.5 测量面积与周长

下面以如图 7.15 所示的模型为例，介绍测量面积与周长的一般操作过程。

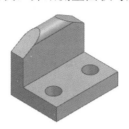

图 7.15 测量面积与周长

步骤 1：打开文件 D:\UG12\work\ch07.01\模型测量 04。

步骤 2：选择命令。选择 分析 功能选项卡 "测量" 区域中的 测量面 命令，系统会弹出 "测量面" 对话框。

步骤 3：测量平面的面积与周长。选取如图 7.16 所示的平面，此时测量的面积结果如图 7.16 所示，在图形区的 "类型" 下拉列表中选择 "周长" 即可查看平面的周长信息。

步骤 4：测量曲面的面积与周长。在 "测量面" 区域中激活 "选择面"，选取如图 7.17 所示的曲面，此时测量的曲面面积结果如图 7.17 所示，在图形区的 "类型" 下拉列表中选择 "周长" 即可查看曲面的周长信息。

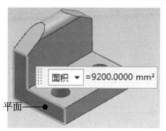
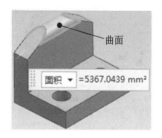

图 7.16 测量平面的面积与周长   图 7.17 测量曲面的面积与周长

7.2 模型的分析

这里的分析指的是单个零件或组件的基本分析，获得的主要是单个模型的物理数据或装配体中元件之间的干涉。这些分析都是静态的，如果需要对某些产品或者机构进行动态分析，就需要用到 UG NX 的运动仿真高级模块。

7.2.1 质量属性分析

通过质量属性的分析，可以获得模型的体积、表面积、质量、密度、重心位置和惯性矩等数据，对产品设计有很大参考价值。

步骤1：打开文件 D:\UG12\work\ch07.02\质量属性-ex。

步骤2：设置材料属性。单击 **工具** 功能选项卡"实用工具"区域中的 **指派材料** 按钮，系统会弹出"指派材料"对话框；在"指派材料"对话框的"类型"下拉列表中选择"选择体"，然后在绘图区选取整个实体作为要添加材料的实体；在"指派材料"对话框"材料列表"区域中选择"库材料"，在"指派材料"区域选中 Steel 材料；在"指派材料"对话框中单击"确定"按钮，将材料应用到模型。

步骤3：选择命令。选择 **分析** 功能选项卡"测量"区域中 **测量体** 命令，系统会弹出"测量体"对话框。

步骤4：设置过滤器。在体过滤器中选择"实体"。

步骤5：选择对象。在绘图区域选取整个实体，然后在图形区的"类型"下拉列表中选择"质量"，此时的分析结果如图 7.18 所示。

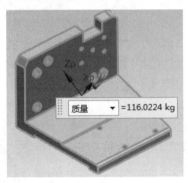

图 7.18 分析结果

7.2.2 装配干涉检查

在产品设计过程中，当各零部件组装完成后，设计者最关心的是各个零部件之间的干涉情况，使用软件提供的装配间隙功能可以帮助用户了解这些信息。下面以整体检查小车轮的装配产品为例，介绍使用装配间隙功能进行干涉检查的一般操作过程。

步骤1：打开文件 D:\UG12\work\ch07.02\02\干涉检查-ex。

步骤2：创建间隙集。

（1）选择命令。单击 **装配** 功能选项卡"间隙分析"区域中的 （新建集）按钮（或者选择下拉菜单"分析"→"装配间隙"→"间隙集"→"新建"命令），系统会弹出"间隙分析"对话框。

（2）设置间隙集名称。在"间隙集名称"文本框中输入整体分析。

（3）定义间隙介于。在"间隙介于"下拉列表中选择"组件"。

（4）定义分析对象集合。在"要分析的对象"区域的"集合"下拉列表中选择"所有对象"。

（5）定义安全区域。采用系统默认的参数。

（6）完成创建。单击"确定"按钮，完成间隙集的创建。

步骤3：查看间隙结果。在系统弹出的如图 7.19 所示的"间隙浏览器"对话框中查看干涉分析结果，在此装配中共分析到 5 处干涉，第 1 处干涉是有实体交叉的干涉，后 4 个干涉是面面重合的干涉（一般重合不视为干涉，所以可以直接忽略）。

步骤4：查看具体干涉问题。在"间隙浏览器"对话框中右击车轮与连接轴的干涉，选择"研究干涉"命令，此时图形区将只显示发生干涉的组件，在"间隙浏览器"干涉前会显示 ☑，在如图 7.20 所示的组件连接处可以发现干涉问题，单击干涉前的 ☑可回到整个装配显示状态。

步骤5：采用与步骤 4 相同的方法可以查看其他干涉。经过检查后，如果用户认为干涉属于正常情况，或者只是面与面重合导致的干涉，则可以右击对应的干涉并选择"忽略"。

图 7.19 "间隙浏览器"对话框

图 7.20 研究干涉

如果用户只想分析某两个组件之间的干涉，则可以通过软件提供的简单干涉命令进行分析。下面以检查小车轮产品中车轮和连接轴之间是否有干涉为例，介绍简单干涉的一般操作过程。

步骤1：打开文件 D:\UG12\work\ch07.02\03\干涉检查-ex。

步骤2：选择命令。选择下拉菜单"分析"→"简单干涉"命令，系统会弹出"简单干涉"对话框。

步骤3：定义检查组件。在绘图区选取车轮作为第 1 个体，选取连接轴作为第 2 个体。

步骤4：定义干涉结果。在"干涉检查结果"区域的"结果对象"下拉列表中选择"干涉体"。

步骤5：完成检查。单击"确定"按钮，完成简单干涉的创建，系统会自动创建干涉体。

第 8 章

UG NX 工程图设计

8.1　工程图概述

工程图是指以投影原理为基础，用多个视图清晰且详尽地表达出设计产品的几何形状、结构及加工参数的图纸。工程图严格遵守国标的要求，它实现了设计者与制造者之间的有效沟通，使设计者的设计意图能够简单明了地展现在图样上。从某种意义上讲，工程图是一门沟通了设计者与制造者之间的语言，在现代制造业中占据着极其重要的位置。

8.1.1　工程图的重要性

（1）立体模型（三维"图纸"）无法像二维工程图那样可以标注完整的加工参数，如尺寸、几何公差、加工精度、基准、表面粗糙度符号和焊缝符号等。

（2）不是所有零件都需要采用 CNC 或 NC 等数控机床加工，因而需要出示工程图在普通机床上进行传统加工。

（3）立体模型（三维"图纸"）仍然存在无法表达清楚的局部结构，如零件中的斜槽和凹孔等，这时可以在二维工程图中通过不同方位的视图来表达局部细节。

（4）通常把零件交给第三方厂家加工生产时需要出示工程图。

8.1.2　UG NX 工程图的特点

使用 UG NX 工程图环境中的工具可创建三维模型的工程图，并且视图与模型相关联，因此，工程图视图能够反映模型在设计阶段的更改，可以使工程图视图与装配模型或单个零部件保持同步。其主要特点如下：

（1）制图界面直观、简洁、易用，可以快速、方便地创建工程图。

（2）通过自定义工程图模板和格式文件可以节省大量的重复劳动；在工程图模板中添加相应的设置，可创建符合国标和企标的制图环境。

（3）可以快速地将视图插入工程图，系统会自动对齐视图。

（4）可以通过各种方式添加注释文本，文本样式可以自定义。

（5）可以根据制图需要添加符合国标或企标的基准符号、尺寸公差、形位公差、表面粗糙度符号与焊缝符号等。

（6）可以创建普通表格、孔表、材料明细表等。

（7）可以从外部插入工程图文件，也可以导出不同类型的工程图文件，实现对其他软件的兼容。

（8）可以快速、准确地打印工程图图纸。

8.1.3　工程图的组成

工程图主要由三部分组成，如图 8.1 所示。

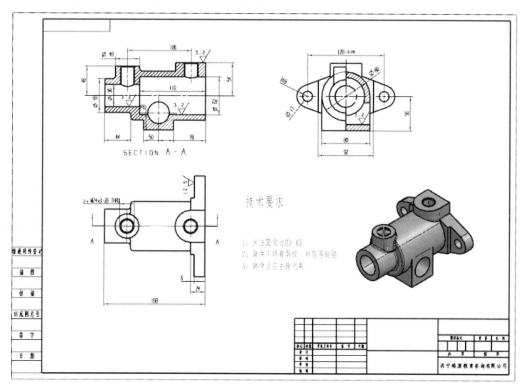

图 8.1　工程图组成

（1）图框、标题栏。

（2）视图：包括基本视图（前视图、后视图、左视图、右视图、仰视图、俯视图和轴测图）、各种剖视图、局部放大图、折断视图等。在制作工程图时，根据实际零件的特点，选择不同的视图组合，以便简单清楚地把各个设计参数表达清楚。

（3）尺寸、公差、表面粗糙度及注释文本：包括形状尺寸、位置尺寸、尺寸公差、基准符号、形状公差、位置公差、零件的表面粗糙度及注释文本。

8.2　新建工程图

1. 通过"新建"创建工程图

下面介绍通过"新建"创建工程图的一般操作步骤。

步骤1：新建文件。选择"快速访问工具栏"中的 □ 命令（或者选择下拉菜单"文件"→"新建"命令），系统会弹出"新建"对话框。

步骤2：选择工程图模板。在"新建"对话框中选择"图纸"选项卡，在"模板"区域中选择"A3-无视图"模板。

步骤3：设置新文件名。在"名称"文本框中输入"新建工程图"，将保存路径设置为D:\UG12\work\ch08.02\。

步骤4：单击"确定"按钮进入工程图环境。

2. 从建模直接进入工程图

下面介绍从建模直接进入工程图的一般操作步骤。

步骤1：打开文件。打开文件 D:\UG12\work\ch08.02\新建工程图-ex。

步骤2：切换环境。单击 应用模块 功能选项卡"设计"区域中的 ✎（制图）按钮，此时会进入制图环境。

步骤3：新建图纸页。单击 主页 功能选项卡中的 ▣（新建图纸页）按钮（或者选择下拉菜单"插入"→"图纸页"命令），系统会弹出"工作表"对话框。

步骤4：设置图纸参数。在"大小"区域选中"使用模板"，选取"A3-无视图"模板，取消选中"设置"区域的"始终启动视图创建"。

步骤5：完成创建。单击"确定"按钮，完成图纸页的创建。

8.3　工程图视图

工程图视图是按照三维模型的投影关系生成的，主要用来表达部件模型的外部结构及形状。在 UG NX 的工程图模块中，视图包括基本视图、各种剖视图、局部放大图和断裂视图等。

8.3.1　基本工程图视图

通过投影法可以由投影直接得到的视图就是基本视图，基本视图在 UG NX 中主要包括主视图、投影视图和轴测图等，下面分别进行介绍。

1. 创建主视图

下面以创建如图 8.2 所示的主视图为例，介绍创建主视图的一般操作过程。

步骤1：打开文件 D:\UG12\work\ch08.03\01\主视图-ex。

步骤2：切换到制图环境。单击 应用模块 功能选项卡"设计"区域中的 ✎（制图）按钮，此时会进入制图环境。

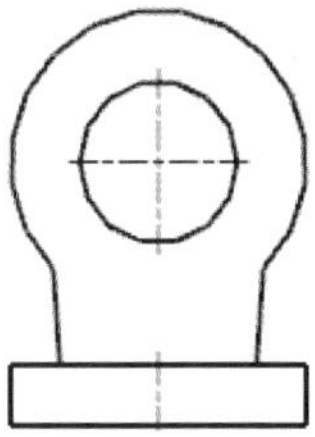

图 8.2 主视图

步骤 3：新建图纸页。单击 主页 功能选项卡“新建图纸页”区域中的 （新建图纸页）按钮，系统会弹出“工作表”对话框；在“大小”区域选中“使用模板”，选取“A3-无视图”模板，取消选中“设置”区域的“始终启动视图创建”；单击“确定”按钮，完成图纸页的创建。

步骤 4：显示模板边框。选择下拉菜单“格式”→“图层设置”命令，系统会弹出“图层设置”对话框，在“显示”下拉列表中选择“含有对象的图层”，在“名称”区域中选中“170 层”，单击“关闭”按钮，完成边框的显示。

步骤 5：选择命令。单击 主页 功能选项卡“视图”区域中的 （基本视图）按钮（或者选择下拉菜单“插入”→“视图”→“基本”命令），系统会弹出“基本视图”对话框。

步骤 6：定义视图参数。

（1）定义视图方向。在“基本视图”对话框的“要使用的模型视图”下拉列表中选择“前视图”，在绘图区可以预览要生成的视图。

（2）定义视图比例。在“比例”区域的“比例”下拉列表中选择“1∶2”。

（3）放置视图。将鼠标放在图形区，会出现视图的预览；选择合适的放置位置单击，以生成主视图。

（4）单击“投影视图”对话框中的“关闭”按钮，完成操作。

2. 创建投影视图

投影视图包括仰视图、俯视图、右视图和左视图。下面以图 8.3 所示的视图为例，说明创建投影视图的一般操作过程。

3min

步骤 1：打开文件 D:\UG12\work\ch08.03\02\投影视图-ex。

步骤 2：选择命令。单击 主页 功能选项卡“视图”区域中的 （投影视图）按钮（或者选择下拉菜单“插入”→“视图”→“投影”命令），系统会弹出“投影视图”对话框。

步骤 3：定义父视图。采用系统默认的父视图。

说明：如果该图纸中只有一个视图，则系统默认选择该视图作为投影的父视图，所以不需调整；如果图纸中含有多个视图，则可能会出现父视图不能满足实际需求的情况，此时可以激活“父视图”区域的“选择视图”，用户手动选取合适的父视图即可。

步骤 4：放置视图。在主视图的右侧单击，生成左视图，如图 8.4 所示；在主视图下方的合适位置单击，生成俯视图，如图 8.4 所示。

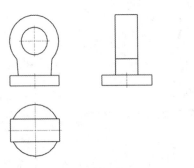

图 8.3　投影视图

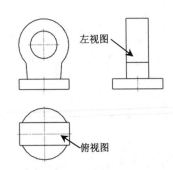

图 8.4　左视图与俯视图

步骤 5：完成创建。单击"投影视图"对话框中的"关闭"按钮，完成投影视图的创建。

3. 等轴测视图

下面以如图 8.5 所示的轴测图为例，说明创建轴测图的一般操作过程。

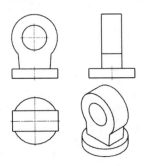

图 8.5　轴测图

步骤 1：打开文件 D:\UG12\work\ch08.03\03\轴测图-ex。

步骤 2：选择命令。单击 主页 功能选项卡"视图"区域中的 （基本视图）按钮，系统会弹出"基本视图"对话框。

步骤 3：定义视图参数。

（1）定义视图方向。在"基本视图"对话框的"要使用的模型视图"下拉列表中选择"正等轴测"，在绘图区可以预览要生成的视图。

（2）定义视图比例。在"比例"区域的"比例"下拉列表中选择"1:2"。

（3）放置视图。将鼠标放在图形区，会出现视图的预览；选择合适的放置位置单击，以生成轴测图视图。

（4）单击"投影视图"对话框中的"关闭"按钮，完成操作。

8.3.2　视图常用编辑

1. 移动视图

在创建完主视图和投影视图后，如果它们在图纸上的位置不合适、视图间距太小或太大，则用户可以根据自己的需要移动视图，具体方法为将鼠标停放在视图上，当视图边界加亮显示时，按住鼠标左键并移动至合适的位置后放开。

只有将鼠标移动到视图边界时，视图边界才会加亮显示，默认情况下视图边界是隐藏的，用户可以通过以下操作将视图边界显示出来。

步骤1：选择下拉菜单"首选项"→"制图"命令，系统会弹出"制图首选项"对话框。

步骤2：选中左侧"图纸视图"下的"工作流程"节点，在右侧"边界"区域选中☑ 显示复选框。

步骤3：单击"确定"按钮，完成视图边界的显示，如图8.6所示。

移动视图时，如果出现如图8.7所示的虚线，则说明该视图与其他视图是对齐关系。

图8.6　视图边界　　　　　　　　　　　图8.7　视图对齐

2. 旋转视图

右击要旋转的视图，选择 🅰 设置(S)… 命令（或者双击视图），系统会弹出"设置"对话框，选中左侧"公共"下的"角度"节点，在右侧"角度"区域的"角度"文本框中输入要旋转的角度（例如30°），单击"确定"按钮即可旋转视图，如图8.8所示。

3. 展开视图

展开视图可以帮助用户查看视图的三维效果。右击需要展开的视图，在弹出的快捷菜单中选择展开命令，按住鼠标中键旋转即可查看三维效果，如图8.9所示；如果用户想恢复视图，则可以在图形区空白位置右击，在弹出的快捷菜单中取消选中"扩大"，视图将恢复到展开前的效果。

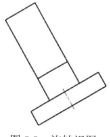

图8.8　旋转视图　　　　　　　　　　图8.9　展开视图

4. 删除视图

要将某个视图删除，可先选中该视图并右击，然后在弹出的快捷菜单中选择 ✖ 删除(D) 命令或直接按 Delete 键即可删除该视图。

5. 切边

切边是两个面在相切处所形成的过渡边线,最常见的切边是圆角过渡形成的边线。在工程视图中,一般轴测视图需要显示切边,而在正交视图中则需要隐藏切边。

系统默认切边是不可见的,如图 8.10 所示。在图形区右击视图后选择 ⚙ 设置(S)... 命令,系统会弹出"设置"对话框,选中左侧"公共"下的"光顺边"节点,在右侧"格式"区域中选中 ☑ 显示光顺边 复选项,单击 ■(颜色)按钮,系统会弹出"对象颜色"对话框,选择"黑色",单击"确定"按钮;在"线型"下拉列表中选择"实线",取消选中 ☐ 显示端点缝隙复选框,其他参数采用默认,效果如图 8.11 所示。

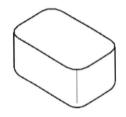

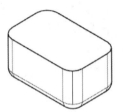

图 8.10 切边不可见

图 8.11 切边可见

6. 隐藏线

系统默认隐藏线是不可见的,如图 8.12 所示。在图形区右击视图后选择 ⚙ 设置(S)... 命令,系统会弹出"设置"对话框,选中左侧"公共"下的"隐藏线"节点,在右侧"格式"区域中选中 ☑ 处理隐藏线 复选框,单击 ■(颜色)按钮,系统会弹出"对象颜色"对话框,选择"黑色",单击"确定"按钮;在"线型"下拉列表中选择"虚线",其他参数采用默认,效果如图 8.13 所示。

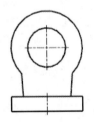

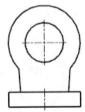

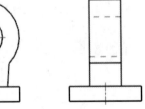

图 8.12 隐藏线不可见

图 8.13 隐藏线虚线可见

注意:如果想使隐藏线不显示,则需要在"线型"下拉列表中选择"不可见",不可以通过取消选中"处理隐藏线"进行隐藏,因为当取消选中"处理隐藏线"时,隐藏线将以实线方式显示,将无法满足实际需求。

7. 虚拟交线

虚拟交线一般是指圆角的两个面之间假象的交线,系统默认虚拟交线是可见的,隐藏虚拟交线的方法:在图形区右击视图后选择 ⚙ 设置(S)... 命令,系统会弹出"设置"对话框,选中左侧"公共"下的"虚拟交线"节点，在右侧"格式"区域中取消选中 ☐ **显示虚拟交线** 复选项。

8.3.3　视图的渲染样式

与模型可以设置模型显示方式一样，工程图也可以改变显示方式，UG NX 提供了 3 种工程视图显示模式，下面分别进行介绍。

（1） 线框 ：视图以线框形式显示，如图 8.14 所示。

（2） 完全着色 ：视图以实体形式显示，如图 8.15 所示。

（3） 局部着色 ：视图将局部着色的面进行着色显示，其他面采用线框方式显示，如图 8.16 所示。

图 8.14　线架图　　　　　图 8.15　隐藏线可见　　　　　图 8.16　局部着色

8.3.4　全剖视图

▷ 4min

全剖视图是用剖切面完全地剖开零件得到的剖视图。全剖视图主要用于表达内部形状比较复杂的不对称机件。下面以创建如图 8.17 所示的全剖视图为例，介绍创建全剖视图的一般操作过程。

SECTION A·A

（a）创建前　　　　　　　　　　（b）创建后

图 8.17　全剖视图

步骤 1：打开文件 D:\UG12\work\ch08.03\05\全剖视图-ex。

步骤 2：选择命令。单击 主页 功能选项卡"视图"区域中的 ▦（剖视图）按钮，系统会弹出"剖视图"对话框。

步骤 3：定义剖切类型。在"截面线"区域的下拉列表中选择"动态"，在"方法"下拉列表中选择"简单剖/阶梯剖"。

步骤 4：定义剖切面位置。确认"截面线段"区域的"指定位置"被激活，选取如图 8.18 所示的圆弧圆心作为剖切面位置参考。

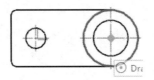

图 8.18　剖切位置

步骤 5：放置视图。在主视图上方的合适位置单击便可放置视图，生成剖视图。

步骤 6：单击"剖视图"对话框中的"关闭"按钮，完成操作。

在剖视图中双击剖面线，系统会弹出"剖面线"对话框，在该对话框可以调整剖面线的相关参数。

双击剖视图标签（SECTION A-A），系统会弹出"设置"对话框，在该对话框可以调整视图标签的相关参数。

8.3.5　半剖视图

▶ 4min

当机件具有对称平面时，以对称平面为界，在垂直于对称平面的投影面上投影得到的由半个剖视图和半个视图合并组成的图形称为半剖视图。半剖视图既充分地表达了机件的内部结构，又保留了机件的外部形状，因此它具有内外兼顾的特点。半剖视图只适宜于表达对称的或基本对称的机件。下面以创建如图 8.19 所示的半剖视图为例，介绍创建半剖视图的一般操作过程。

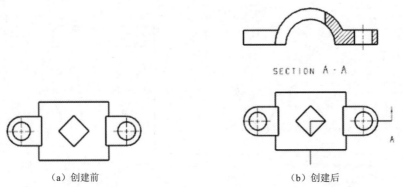

SECTION A - A

（a）创建前　　　　　　　　　　（b）创建后

图 8.19　半剖视图

步骤 1：打开文件 D:\UG12\work\ch08.03\06\半剖视图-ex。

步骤2：选择命令。单击 主页 功能选项卡"视图"区域中的 ▦（剖视图）按钮，系统会弹出"剖视图"对话框。

步骤3：定义剖切类型。在"截面线"区域的下拉列表中选择"动态"，在"方法"下拉列表中选择"半剖"。

步骤4：定义剖切面位置。确认"截面线段"区域的"指定位置"被激活，依次选取如图 8.20 所示的圆心 1 与点 1 作为剖切面位置参考。

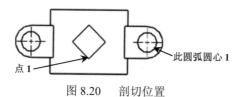

点 1 ← ← 此圆弧圆心 1

图 8.20　剖切位置

步骤5：放置视图。在主视图上方的合适位置单击便可放置视图，生成剖视图。

步骤6：单击"剖视图"对话框中的"关闭"按钮，完成操作。

8.3.6　阶梯剖视图

▣ 5min

用两个或多个互相平行的剖切平面把机件剖开的方法称为阶梯剖，所画出的剖视图称为阶梯剖视图。它适宜于表达机件内部结构的中心线排列在两个或多个互相平行的平面内的情况。下面以创建如图 8.21 所示的阶梯剖视图为例，介绍创建阶梯剖视图的一般操作过程。

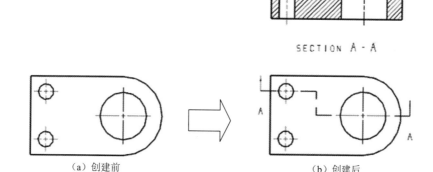

SECTION A-A

（a）创建前　　　　　　　　　　（b）创建后

图 8.21　阶梯剖视图

步骤1：打开文件 D:\UG12\work\ch08.03\07\阶梯剖视图-ex。

步骤2：绘制剖切线。选择 主页 功能选项卡"视图"区域中的 ▣（剖切线）命令，绘制如图 8.22 所示的 3 条直线（水平的两条直线需要通过圆 1 与圆 2 的圆心）单击 ▧（完成）按钮完成剖切线的绘制。

步骤3：定义剖切类型与方向。在系统弹出的"截面线"对话框"剖切方法"区域的"方法"下拉列表中选择"简单剖/阶梯剖"，单击"反向"后的 ⊠ 按钮，调整剖切方向，如图 8.23 所示，单击"确定"按钮完成剖切线的创建。

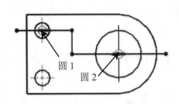

图 8.22　绘制剖切线

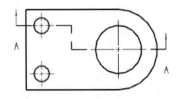

图 8.23　剖切方向

步骤 4：选择命令。单击 主页 功能选项卡"视图"区域中的 ▦（剖视图）按钮，系统会弹出"剖视图"对话框。

步骤 5：定义剖切类型。在"剖切线"区域的下拉列表中选择"选择现有的"，然后选取步骤 3 创建的剖切线。

步骤 6：放置视图。在主视图上方的合适位置单击便可放置视图，生成剖视图。

步骤 7：单击"剖视图"对话框中的"关闭"按钮，完成操作。

8.3.7　旋转剖视图

▶ 4min

用两个相交的剖切平面（交线垂直于某一基本投影面）剖开机件的方法称为旋转剖，所画出的剖视图称为旋转剖视图。下面以创建如图 8.24 所示的旋转剖视图为例，介绍创建旋转剖视图的一般操作过程。

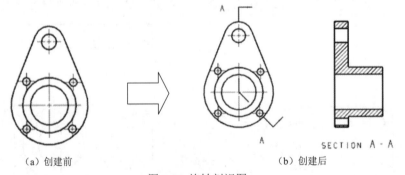

（a）创建前　　　　　　　　　　　　　（b）创建后

图 8.24　旋转剖视图

步骤 1：打开文件 D:\UG12\work\ch08.03\08\旋转剖视图-ex。

步骤 2：选择命令。单击 主页 功能选项卡"视图"区域中的 ▦（剖视图）按钮，系统会弹出"剖视图"对话框。

步骤 3：定义剖切类型。在"截面线"区域的下拉列表中选择"动态"，在"方法"下拉列表中选择"旋转"。

步骤 4：定义剖切面位置。确认"截面线段"区域的"指定位置"被激活，依次选取如图 8.25 所示的圆心 1、圆心 2 与圆心 3 作为剖切面位置参考。

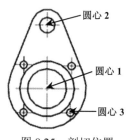

图 8.25　剖切位置

步骤 5：放置视图。在主视图右侧合适位置单击便可放置视图，生成剖视图。

步骤 6：单击"剖视图"对话框中的"关闭"按钮，完成操作。

8.3.8　局部剖视图

将机件局部剖开后进行投影得到的剖视图称为局部剖视图。局部剖视图也是在同一视图上同时表达内外形状的方法，并且用波浪线作为剖视图与视图的界线。局部剖视是一种比较灵活的表达方法，剖切范围根据实际需要决定，但使用时要考虑到看图方便，剖切不要过于零碎。它常用于下列两种情况：机件只有局部内形要表达，而又不必或不宜采用全剖视图时；不对称机件需要同时表达其内、外形状时，宜采用局部剖视图。下面以创建如图 8.26 所示的局部剖视图为例，介绍创建局部剖视图的一般操作过程。

[▶] 7min

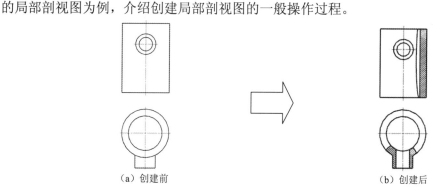

（a）创建前　　　　　　　　　　　　　　　　（b）创建后

图 8.26　局部剖视图

步骤 1：打开文件 D:\UG12\work\ch08.03\09\局部剖视图-ex。

步骤 2：激活活动视图。右击俯视图，在系统弹出的快捷菜单中选择 　活动草图视图 命令。

步骤 3：定义局部剖区域。使用样条曲线工具绘制如图 8.27 所示的封闭区域。

步骤 4：选择命令。选择下拉菜单"插入"→"视图"→"局部剖"，系统会弹出"局部剖"对话框。

步骤 5：定义要剖切的视图。在系统提示下选取俯视图作为要剖切的视图。

步骤 6：定义剖切位置参考。选取如图 8.28 所示的圆心作为剖切位置参考。

步骤 7：定义拉伸向量方向。采用如图 8.29 所示的默认拉伸向量方向。

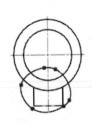

图 8.27　局部剖区域

图 8.28　剖切位置参考

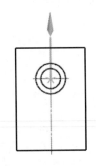

图 8.29　拉伸向量方向

步骤 8：定义局部剖区域。在"局部剖"对话框中单击 （选择曲线），选取步骤 3 创建的封闭区域作为局部剖区域。

步骤 9：单击"局部剖"对话框中的"应用"按钮，完成操作，单击"取消"按钮完成操作，如图 8.30 所示。

步骤 10：激活活动视图。右击主视图，在系统弹出的快捷菜单中选择 活动草图视图 命令。

步骤 11：定义局部剖区域。使用样条曲线工具绘制如图 8.31 所示的封闭区域。

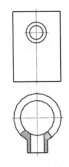

图 8.30　局部剖视图

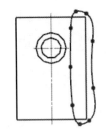

图 8.31　局部剖区域

步骤 12：选择命令。选择下拉菜单"插入"→"视图"→"局部剖"，系统会弹出"局部剖"对话框。

步骤 13：定义要剖切的视图。在系统提示下选取主视图作为要剖切的视图。

步骤 14：定义剖切位置参考。选取如图 8.32 所示的圆心作为剖切位置参考。

步骤 15：定义拉伸向量方向。采用如图 8.33 所示的默认拉伸向量方向。

步骤 16：定义局部剖区域。在"局部剖"对话框中单击 （选择曲线），选取步骤 11 创建的封闭区域作为局部剖区域。

步骤 17：单击"局部剖"对话框中的"应用"按钮，完成操作，单击"取消"按钮完成操作，如图 8.34 所示。

说明：在创建完局部剖视图后，如果需要编辑局部剖视图，则可以通过选择下拉菜单"插入"→"视图"→"局部剖"命令，在系统弹出的"局部剖"对话框中选择 编辑，然后选择需要编辑的局部剖视图，此时就可以根据实际需求选择对应的步骤进行编辑调整；如果需要删除局部剖视图，则可以通过选择下拉菜单"插入"→"视图"→"局部剖"命令，在系统弹出的"局部剖"对话框中选择◉删除，然后选择需要删除的局部剖视图，单击"应用"即可。

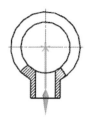

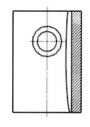

图 8.32　剖切位置参考　　　　图 8.33　拉伸向量方向　　　　图 8.34　局部剖视图

8.3.9　局部放大图

6min

当机件上某些细小结构在视图中表达得还不够清楚，或不便于标注尺寸时，可将这些部分用大于原图形所采用的比例画出，这种图称为局部放大图。下面以创建如图 8.35 所示的局部放大图为例，介绍创建局部放大图的一般操作过程。

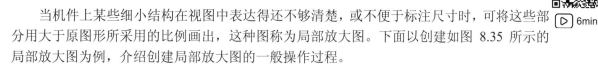

（a）创建前　　　　　　　　　　　　　　（b）创建后

图 8.35　局部放大图

步骤 1：打开文件 D:\UG12\work\ch08.03\10\局部放大图-ex。

步骤 2：选择命令。单击 主页 功能选项卡"视图"区域中的 🔎（局部放大图）按钮，系统会弹出"局部放大图"对话框。

步骤 3：定义放大边界。在局部放大图"类型"下拉列表中选择"圆形"，然后绘制如图 8.36 所示的圆作为放大区域。

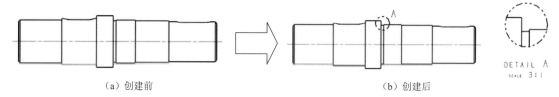

图 8.36　定义放大区域

步骤 4：定义放大视图比例。在"比例"下拉列表中选择"比率"，然后在下方的文本框中输入 3:1。

步骤 5：定义放大视图父项上的标签。在"标签"下拉列表中选择"注释"。

步骤 6：放置视图。在主视图右侧的合适位置单击便可放置视图，生成局部放大图。

步骤 7：单击"局部放大图"对话框中的"关闭"按钮，完成操作。

8.3.10　局部视图

在零件的某个视图中，可能我们只关注其中的某一部分，因为其他结构已经在其他的视图中表达得十分清楚，如果将此视图完整地画出，则会有大量重复表达，此时有必要将其他部分不予显示，从而使图形的重点更加突出，提高图纸的可读性，此类视图称为"局部视图"。在 UG 中通过编辑视图边界，利用样条曲线或其他封闭的草图轮廓，对现有的视图进行裁剪，就可以得到局部视图。下面以创建如图 8.37 所示的局部视图为例，介绍创建局部视图的一般操作过程。

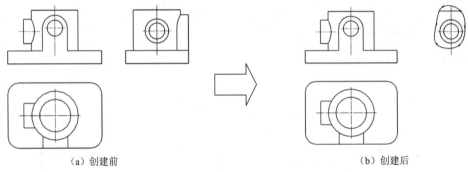

（a）创建前　　　　　　　　　　　　　　　　（b）创建后

图 8.37　局部视图

步骤 1：打开文件 D:\UG12\work\ch08.03\11\局部视图-ex。

步骤 2：激活活动视图。右击左视图，在系统弹出的快捷菜单中选择 ▓ 活动草图视图 （活动草图视图）命令。

步骤 3：定义局部视图区域。使用样条曲线工具绘制如图 8.38 所示的封闭区域。

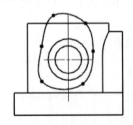

图 8.38　局部视图区域

步骤 4：选择命令。右击左视图，在系统弹出的快捷菜单中选择 ▭ 边界(B)... 命令，系统会弹出"视图边界"对话框。

步骤 5：定义类型。在"视图边界"对话框类型下拉列表中选择"断裂线/局部放大图"。

步骤 6：选取局部视图边界。在系统提示下选取步骤 3 创建的封闭样条曲线作为局部视图边界。

步骤 7：完成创建。单击"确定"按钮完成局部视图的创建。

7min

8.3.11　断开视图

在机械制图中，经常会遇到一些长细形的零部件，若要反映整个零件的尺寸形状，则需用大幅面的图纸来绘制。为了既节省图纸幅面，又可以反映零件形状及尺寸，在实际绘图中常采用断开视图。断开视图指的是从零件视图中删除选定两点之间的视图部分，将余下的两部分合并成一个带折断线的视图。下面以创建如图 8.39 所示的断开视图为例，介绍创建断开视图的一般操作过程。

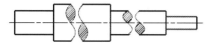

图 8.39　断开视图

步骤 1：打开文件 D:\UG12\work\ch08.03\12\断开视图-ex。

步骤 2：选择命令。选择下拉菜单"插入"→"视图"→"断开视图"命令，系统会弹出"断开视图"对话框。

步骤 3：定义主模型视图。选取主视图作为主模型视图。

步骤 4：定义方向。采用系统默认的方向，如图 8.40 所示。

步骤 5：定义断开裂位置。放置如图 8.40 所示的第 1 条断开线及第 2 条断开线。

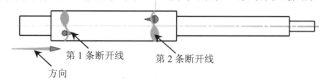

第 1 条断开线　第 2 条断开线

方向

图 8.40　方向与位置定义

步骤 6：定义断开视图设置选项。在"断开视图"对话框"设置"区域的"间隙"文本框中输入 8，在"样式"下拉列表中选择 （实心杆状线），在"幅值"文本框中输入 6，其他参数采用默认。

步骤 7：单击"确定"按钮，完成断开视图的创建，如图 8.41 所示。

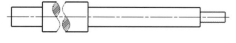

图 8.41　断开视图 1

步骤 8：选择命令。选择下拉菜单"插入"→"视图"→"断开视图"命令，系统会弹出"断开视图"对话框。

步骤 9：定义主模型视图。选取主视图作为主模型视图。

步骤 10：定义方向。在"方向"区域的"方位"下拉列表中选择"平行"。

步骤 11：定义断开位置。放置如图 8.42 所示的第 1 条断开线及第 2 条断开线。

图 8.42　断开位置

步骤 12：定义断开视图设置选项。在"断开视图"对话框"设置"区域的"间隙"文本框中输入 8，在"样式"下拉列表中选择 （实心杆状线），在"幅值"文本框中输入 6，其他参数采用默认。

步骤 13：单击"确定"按钮，完成断开视图的创建。

8.3.12　加强筋的剖切

下面以创建如图 8.43 所示的剖视图为例，介绍创建加强筋的剖视图的一般操作过程。

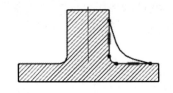

SECTION A-A

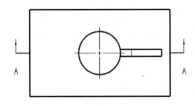

图 8.43　加强筋的剖切

说明：在国家标准中规定，当剖切到加强筋结构时，需要按照不剖处理。

步骤 1：打开文件 D:\UG12\work\ch08.03\13\加强筋的剖切-ex。

步骤 2：选择命令。单击 主页 功能选项卡"视图"区域中的 ▦（剖视图）按钮，系统会弹出"剖视图"对话框。

步骤 3：定义剖切类型。在"截面线"区域的下拉列表中选择"动态"，在"方法"下拉列表中选择"简单剖/阶梯剖"。

步骤 4：定义剖切面位置。确认"截面线段"区域的"指定位置"被激活，选取如图 8.44 所示的圆弧圆心作为剖切面位置参考。

步骤 5：放置视图。在主视图上方的合适位置单击便可放置视图，生成剖视图。

步骤 6：单击"剖视图"对话框中的"关闭"按钮，完成

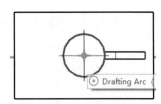

图 8.44　剖切位置

剖视图的初步操作，如图 8.45 所示。

步骤7：隐藏剖面线。在剖面线上右击，选择 隐藏(H) 命令，效果如图 8.46 所示。

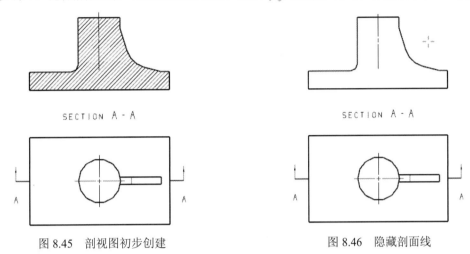

图 8.45　剖视图初步创建　　　　　　图 8.46　隐藏剖面线

步骤8：激活剖视图。右击剖视图，在系统弹出的快捷菜单中选择 🔲 活动草图视图 命令。

步骤9：使用草图绘制工具绘制如图 8.47 所示的两条直线与圆角（半径为 10）。

步骤10：填充剖面线。单击 主页 功能选项卡"注释"区域中的 （剖面线）按钮，系统会弹出"剖面线"对话框，在"选择模式"下拉列表中选择"区域中的点"，在如图 8.48 所示的位置单击便可确定填充位置，单击"确定"按钮完成填充，效果如图 8.49 所示。

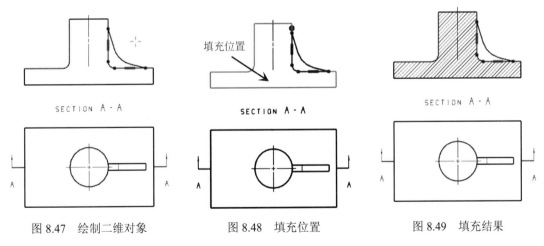

图 8.47　绘制二维对象　　　图 8.48　填充位置　　　图 8.49　填充结果

8.3.13　断面图

断面图常用在只需表达零件断面的场合，这样可以使视图简化，又能使视图所表达的零件结构清晰易懂，这种视图在表达轴上键槽是特别有用的。下面以创建如图 8.50 所示的视

5min

图为例,介绍创建断面图的一般操作过程。

步骤1:打开文件 D:\UG12\work\ch08.03\14\断面图-ex。

步骤2:选择命令。单击 主页 功能选项卡"视图"区域中的 ▉▉ (剖视图)按钮,系统会弹出"剖视图"对话框。

步骤3:定义剖切类型。在"截面线"区域的下拉列表中选择"动态",在"方法"下拉列表中选择"简单剖/阶梯剖"。

步骤4:定义剖切面位置。确认"截面线段"区域的"指定位置"被激活,选取如图 8.51 所示的边线中点作为剖切面位置参考。

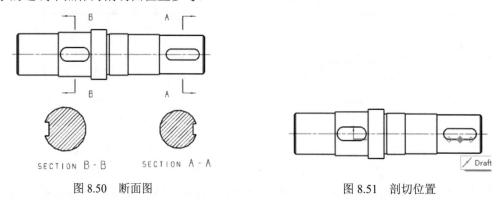

图 8.50   断面图   图 8.51   剖切位置

步骤5:放置视图。在主视图右侧合适位置单击便可放置视图,生成剖视图。

步骤6:单击"剖视图"对话框中的"关闭"按钮,完成剖视图的初步操作,将视图调整至主视图下方位置。

步骤7:设置剖视图属性。双击步骤 6 创建的剖视图,系统会弹出"设置"对话框,选中左侧"表区域驱动"下的"设置"节点,在右侧"格式"区域中取消选中 ▉ 显示背景 单击"确定"按钮即可,完成后的效果如图 8.52 所示。

步骤8:选择命令。单击 主页 功能选项卡"视图"区域中的 ▉▉ (剖视图)按钮,系统会弹出"剖视图"对话框。

步骤9:定义剖切类型。在"截面线"区域的下拉列表中选择"动态",在"方法"下拉列表中选择"简单剖/阶梯剖"。

步骤10:定义剖切面位置。确认"截面线段"区域的"指定位置"被激活,选取如图 8.53 所示的边线中点作为剖切面位置参考。

步骤11:放置视图。在主视图左侧的合适位置单击便可放置视图,生成剖视图。

步骤12:单击"剖视图"对话框中的"关闭"按钮,完成剖视图的初步操作,将视图调整至主视图下方位置。

步骤13:设置剖视图属性。双击步骤 12 创建的剖视图,系统会弹出"设置"对话框,选中左侧"表区域驱动"下的"设置"节点,在右侧"格式"区域中取消选中 ▉ 显示背景 单击"确定"按钮即可,完成后的效果如图 8.50 所示。

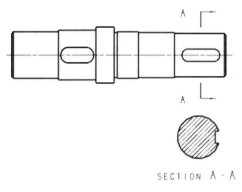

图 8.52　断面图

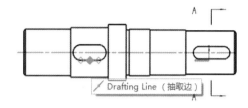

图 8.53　剖切位置

8.3.14　装配体的剖切视图

　　装配体工程图视图的创建与零件工程图视图相似，但是在国家标准中针对装配体出工程图也有两点不同之处：一是装配体工程图中不同的零件在剖切时需要有不同的剖面线；二是装配体中有一些零件（例如标准件）是不可参与剖切的。下面以创建如图 8.54 所示的装配体全剖视图为例，介绍创建装配体剖切视图的一般操作过程。

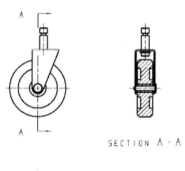

SECTION A-A

图 8.54　装配体剖切视图

　　步骤 1：打开文件 D:\UG12\work\ch08.03\15\装配体剖切-ex。

　　步骤 2：选择命令。单击 主页 功能选项卡"视图"区域中的 ▨（剖视图）按钮，系统会弹出"剖视图"对话框。

　　步骤 3：定义剖切类型。在"截面线"区域的下拉列表中选择"动态"，在"方法"下拉列表中选择"简单剖/阶梯剖"。

　　步骤 4：定义剖切面位置。确认"截面线段"区域的"指定位置"被激活，选取如图 8.55 所示的圆弧圆心作为剖切面位置参考。

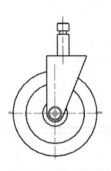

图 8.55　剖切位置

步骤 5：定义非剖切零件。在"剖视图"对话框的"设置"区域中激活"非剖切"下的"选中对象"，在装配导航器中选择"固定螺钉"。

步骤 6：放置视图。激活"视图原点"区域中的"指定位置"，在主视图右侧的合适位置单击便可放置视图，生成剖视图。

步骤 7：单击"剖视图"对话框中的"关闭"按钮，完成剖视图操作。

8.4　工程图标注

在工程图中，标注的重要性是不言而喻的。工程图作为设计者与制造者之间交流的语言，重在向其用户反映零部件的各种信息，这些信息中的绝大部分是通过工程图中的标注来反映的，因此一张高质量的工程图必须具备完整、合理的标注。

工程图中的标注种类很多，如尺寸标注、注释标注、基准标注、公差标注、表面粗糙度标注、焊接符号标注等。

（1）尺寸标注：对于刚创建完视图的工程图，习惯上先添加尺寸标注。在标注尺寸的过程中，要注意国家制图标准中关于尺寸标注的具体规定，以免所标注出的尺寸不符合国标的要求。

（2）注释标注：作为加工图样的工程图很多情况下需要使用文本方式来指引性地说明零部件的加工、装配体的技术要求，这可通过添加注释实现。UG NX 系统提供了多种不同的注释标注方式，可根据具体情况加以选择。

（3）基准标注：在 UG NX 系统中，选择 主页 功能选项"注释"区域中的 ▣ （基准特征符号）命令，可创建基准特征符号，所创建的基准特征符号主要用于作为创建几何公差时公差的参照。

（4）公差标注：公差标注主要用于对加工所需要达到的要求作相应的规定。公差包括尺寸公差和几何公差两部分；其中，尺寸公差可通过尺寸编辑来将其显示。

（5）表面粗糙度标注：对表面有特殊要求的零件需标注表面粗糙度。在 UG NX 系统中，表面粗糙度有各种不同的符号，应根据要求选取。

（6）焊接符号标注：对于有焊接要求的零件或装配体，还需要添加焊接符号。由于有不同的焊接形式，所以具体的焊接符号也不一样，因此在添加焊接符号时需要用户自己先选取一种标准，再添加到工程图中。

8.4.1　尺寸标注

17min

在工程图的各种标注中，尺寸标注是最重要的一种，它有着自身的特点与要求。首先尺寸是反映零件几何形状的重要信息（对于装配体，尺寸是反映连接配合部分、关键零部件尺寸等的重要信息）。在具体的工程图尺寸标注中，应力求尺寸能全面地反映零件的几何形状，不能有遗漏的尺寸，也不能有重复的尺寸（在本书中，为了便于介绍某些尺寸的操作，并未标注出能全面反映零件几何形状的全部尺寸）；其次，工程图中的尺寸标注是与模型相关联的，而且模型中的变更会反映到工程图中，在工程图中改变尺寸也会改变模型。最后由于尺寸标注属于机械制图的一个必不可少的部分，因此标注应符合制图标准中的相关要求。

1. 水平尺寸

水平尺寸可以标注一个对象、两点或者对象与点之间的水平距离。

下面以标注如图8.56所示的尺寸为例，介绍标注水平尺寸的一般操作过程。

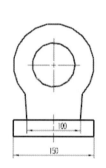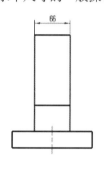

图 8.56　水平尺寸

步骤1：打开文件 D:\UG12\work\ch08.04\01\水平尺寸-ex。

步骤2：选择命令。选择 主页 功能选项"尺寸"区域中的 （快速）命令，系统会弹出"快速尺寸"对话框。

步骤3：选择方法。在"测量"区域的"方法"下拉列表中选择"水平"类型。

步骤4：选择测量参考。选取如图8.57所示的直线1与直线2作为参考。

步骤5：放置尺寸。在如图8.57所示的位置单击便可放置尺寸。

步骤6：参照步骤3~步骤5，选取如图8.58所示的点1与点2，标注如图8.58所示的尺寸。

步骤7：参照步骤3~步骤5，选取如图8.59所示的点1与点2，标注如图8.59所示的尺寸。

步骤8：单击"关闭"按钮完成创建。

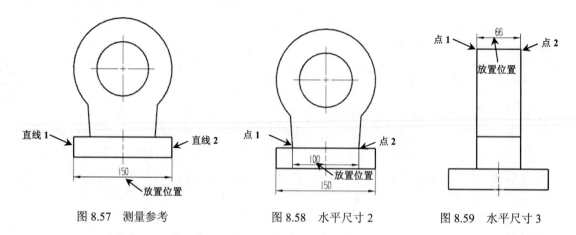

图 8.57　测量参考　　　　　图 8.58　水平尺寸 2　　　　图 8.59　水平尺寸 3

2. 标注竖直尺寸

竖直尺寸可以标注一个对象、两点或者对象与点之间的竖直距离，如图 8.60 所示。

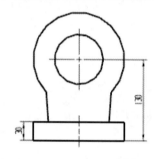

图 8.60　竖直尺寸

3. 标注点到点尺寸

点到点尺寸可以标注两个点之间的平行尺寸，如图 8.61 所示。

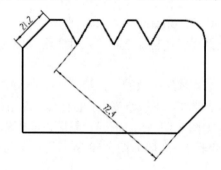

图 8.61　点到点尺寸

4. 标注垂直尺寸

垂直尺寸可以标注点到直线之间的垂直距离，如图 8.62 所示。

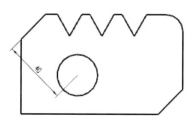

图 8.62　垂直尺寸

5. 标注倒角尺寸

倒角尺寸可以标注倒角特征的倒角距离，如图 8.63 所示。

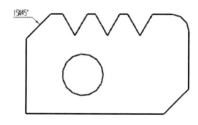

图 8.63　倒角尺寸

6. 标注圆柱尺寸

圆柱尺寸可以使用线性标注的形式标注圆柱的直径尺寸，如图 8.64 所示。

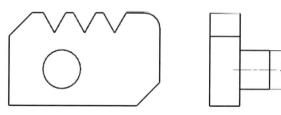

图 8.64　圆柱尺寸

7. 标注半径尺寸

半径尺寸可以标注圆或者圆弧的半径值，如图 8.65 所示。

8. 标注直径尺寸

直径尺寸可以标注圆或者圆弧的直径尺寸，如图 8.66 所示。

9. 标注角度尺寸

角度尺寸可以标注两条直线之间的夹角，如图 8.67 所示。

10. 标注坐标尺寸

坐标尺寸可以标注一个点相对于原点的水平与竖直距离。在具体标注时首先需要定义原点位置，如图 8.68 所示。

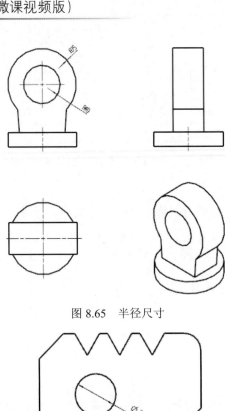

图 8.65　半径尺寸

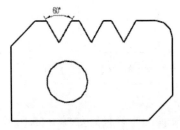

图 8.66　直径尺寸

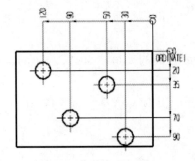

图 8.67　角度尺寸

图 8.68　坐标尺寸

11. 标注链尺寸

链尺寸可以标注在水平或者竖直方向上一系列首尾相连的线性尺寸，如图 8.69 所示。

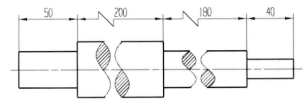

图 8.69　链尺寸

12. 标注基线尺寸

基线尺寸可以标注在水平或者竖直方向具有同一第一尺寸界线的线性尺寸，如图 8.70 所示。

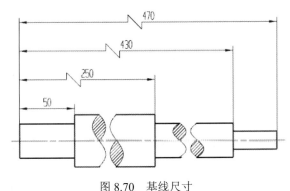

图 8.70　基线尺寸

8.4.2　公差标注

在 UG NX 系统下的工程图模式中，尺寸公差只能在手动标注或在编辑尺寸时才能添加上公差值。尺寸公差一般以最大极限偏差和最小极限偏差的形式显示尺寸、以公称尺寸并带有一个上偏差和一个下偏差的形式显示尺寸和以公称尺寸之后加上一个正负号显示尺寸等。在默认情况下，系统只显示尺寸的公称值，可以通过编辑来显示尺寸的公差。

下面以标注如图 8.71 所示的公差为例，介绍标注公差尺寸的一般操作过程。

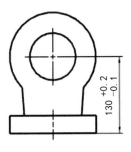

图 8.71　公差尺寸标注

步骤 1：打开文件 D:\UG12\work\ch08.04\13\公差标注-ex。

步骤 2：选择命令。在尺寸 130 上右击，选择"设置"命令，系统会弹出"设置"对话框，单击左侧的"公差"节点。

步骤 3：定义公差类型。在"类型"下拉列表中选择 ⁺↕双向公差 类型。

步骤 4：定义公差值。在"公差上限"文本框中输入 0.2，在"公差下限"文本框中输入 0.1，在"小数位置"文本框中输入 1。

步骤 5：单击"关闭"按钮完成创建。

3min

8.4.3 基准标注

在工程图中，基准标注（基准面和基准轴）常被作为几何公差的参照。基准面一般标注在视图的边线上，基准轴标注在中心轴或尺寸上。在 UG NX 中标注基准面和基准轴都是通过"基准特征符号"命令实现的。下面以标注如图 8.72 所示的基准标注为例，介绍基准标注的一般操作过程。

步骤 1：打开文件 D:\UG12\work\ch08.04\14\基准标注-ex。

步骤 2：选择命令。选择 主页 功能选项"注释"区域中的 ⌂ （基准特征符号）命令，系统会弹出"基准特征符号"对话框。

步骤 3：设置指引线与字母。在"指引线"区域采用系统默认参数，在"基准标识符"区域的"字母"文本框中输入 A。

步骤 4：放置符号。在如图 8.73 所示的位置向右侧拖动鼠标左键，单击便可完成放置操作，结果如图 8.74 所示。

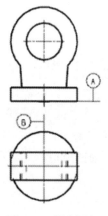

选取此边线

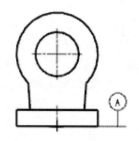

图 8.72　基准标注　　　　图 8.73　参考边线　　　　图 8.74　基准特征符号 01

注意：如果位置不合适，用户则可以通过按住 Shift 键与鼠标左键拖动，调整基准特征符号的位置。

步骤 5：设置指引线与字母。在"指引线"区域采用系统默认参数，在"基准标识符"区域的"字母"文本框中输入 B。

步骤6：放置符号。在如图8.75所示的中心线位置向上方拖动鼠标左键，单击便可完成放置操作，结果如图8.76所示。

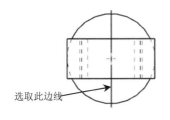

图 8.75 参考中心线

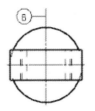

图 8.76 基准特征符号 02

步骤7：单击"关闭"按钮完成创建。

8.4.4 形位公差标注

形状公差和位置公差简称形位公差，也叫几何公差，用来指定零件的尺寸和形状与精确值之间所允许的最大偏差。下面以标注如图8.77所示的形位公差为例，介绍形位公差标注的一般操作过程。

步骤1：打开文件 D:\UG12\work\ch08.04\15\形位公差标注-ex。

步骤2：选择命令。选择 主页 功能选项"注释"区域中的 ▭（特征控制框）命令，系统会弹出"特征控制框"对话框。

步骤3：定义指引线参数。在"指引线"区域的"类型"下拉列表中选择"普通"，在"样式"区域的"箭头"下拉列表中选择"填充箭头"，在"短画线侧"下拉列表中选择"自动判断"，在短画线长度文本框中输入5。

步骤4：定义形位公差参数。在"框"区域的"特性"下拉列表中选择 // 平行度，在"公差"区域的公差值文本框中输入 0.06，在"第一基准参考"区域的下拉列表中选择A，其他参数采用默认。

步骤5：放置符号。在如图8.78所示的位置向右上方拖动鼠标左键，单击便可完成放置操作。

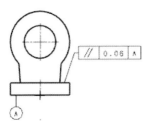

图 8.77 形位公差标注

图 8.78 参考边线

步骤6：单击"关闭"按钮完成创建。

▶ 4min

8.4.5 粗糙度符号标注

在机械制造中,任何材料表面经过加工后,加工表面上都会具有较小间距和峰谷的不同起伏,这种微观的几何形状误差叫作表面粗糙度。下面以标注如图 8.79 所示的粗糙度符号为例,介绍粗糙度符号标注的一般操作过程。

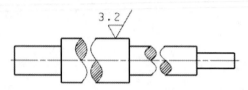

图 8.79 粗糙度符号标注

步骤 1: 打开文件 D:\UG12\work\ch08.04\16\粗糙度符号-ex。

步骤 2: 选择命令。选择 主页 功能选项"注释"区域中的 √(表面粗糙度符号)命令,系统会弹出"表面粗糙度符号"对话框。

步骤 3: 定义表面粗糙度符号参数。在"属性"区域的"除料"下拉列表中选择 √ 需要除料 类型,在 下部文本 (a2) 文本框中输入 3.2,其他参数采用系统默认。

步骤 4: 放置表面粗糙度符号。选择如图 8.80 所示的边线放置表面粗糙度符号。

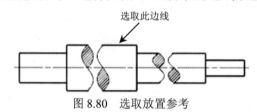

选取此边线

图 8.80 选取放置参考

步骤 5: 单击"关闭"按钮完成创建。

▶ 6min

8.4.6 注释文本标注

在工程图中,除了尺寸标注外,还应有相应的文字说明,即技术要求,如工件的热处理要求、表面处理要求等,所以在创建完视图的尺寸标注后,还需要创建相应的注释标注。工程图中的注释主要分为两类,即带引线的注释与不带引线的注释。下面以标注如图 8.81 所示的注释为例,介绍注释标注的一般操作过程。

步骤 1: 打开文件 D:\UG12\work\ch08.04\17\注释标注-ex。

步骤 2: 选择命令。选择 主页 功能选项卡"注释"区域中的 A(注释)命令,系统会弹出"注释"对话框。

步骤 3: 设置字体与大小。在"格式设置"区域的"字体"下拉列表中选择"楷体",在"字号"下拉列表中选择"2"。

步骤 4: 输入注释。在"格式设置"区域的文本框中输入"技术要求"。

步骤5：选取放置注释文本的位置。在视图下的空白处单击便可放置注释，效果如图 8.82 所示。

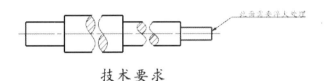

图 8.81 注释标注　　　　　　　　图 8.82 注释 01

步骤6：单击"关闭"按钮完成创建。

步骤7：选择命令。选择 主页 功能选项卡"注释"区域中的 Ⓐ（注释）命令，系统会弹出"注释"对话框。

步骤8：将"格式设置"区域文本中的内容全部删除。

步骤9：设置字体与大小。在"格式设置"区域的"字体"下拉列表中选择"楷体"，在"字号"下拉列表中选择"1"。

步骤10：输入注释。在"格式设置"区域的文本框输入"1：未注圆角为 R2。2：未注倒角为 C1。3：表面不得有毛刺等瑕疵。"。

步骤11：选取放置注释文本位置。在视图下的空白处单击便可放置注释，效果如图 8.83 所示。

步骤12：选择命令。选择 主页 功能选项卡"注释"区域中的 Ⓐ（注释）命令，系统会弹出"注释"对话框。

步骤13：将"格式设置"区域文本中的内容全部删除。

步骤14：设置字体与大小。在"格式设置"区域的"字体"下拉列表中选择"楷体"，在"字号"下拉列表中选择"1"。

步骤15：输入注释。在"格式设置"区域的文本框输入"此面淬火处理"。

步骤16：选取放置注释文本的位置。在如图 8.84 所示的位置向右侧拖动鼠标左键，单击便可完成放置操作。

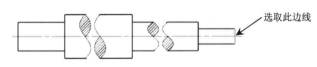

图 8.83 注释 02　　　　　　　　图 8.84 放置参考

步骤17：单击"关闭"按钮完成创建。

8.4.7　中心线与中心符号线标注

1．二维中心线

二维中心线可以通过两条边线或者两个点来创建，如图 8.85 所示。

2．三维中心线

三维中心线可以通过选择圆柱面、圆锥面、旋转面及环面等创建中心线。

3．中心标记

中心标记命令可以创建通过点或者圆弧中心的中心标记符号，如图 8.86 所示。

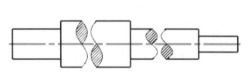

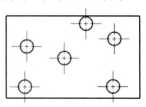

图 8.85　二维中心线　　　　　　　　图 8.86　中心标记

4．螺栓圆中心线

螺栓圆中心线命令可以创建通过点或者圆弧的完整或者不完整的螺栓圆符号，在创建不完整的螺栓圆时，需要注意要按照逆时针的方式选取通过点，如图 8.87 所示。

5．圆形中心线

圆形中心线的创建方法与螺栓圆中心线非常类似，圆形中心线会通过所选点，但是不会在所选点产生额外的垂直中心线，如图 8.88 所示。

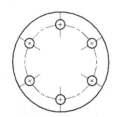

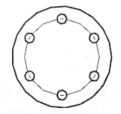

图 8.87　螺栓圆中心线　　　　　　　　图 8.88　圆形中心线

4min

8.5　工程图打印出图

打印出图是 CAD 设计中必不可少的一个环节，在 UG NX 软件中的零件环境、装配体环境和工程图环境中都可以打印出图，本节将讲解 UG NX 工程图打印的操作方法；在打印工程图时，可以打印整个图纸，也可以打印图纸的所选区域，可以选择黑白打印，也可以选择彩色打印。

下面讲解打印工程图的操作方法。

步骤 1：打开文件 D:\UG12\work\ch08.05\工程图打印。

步骤 2：选择命令。选择下拉菜单"文件"→"打印"命令，系统会弹出"打印"对话框。

步骤 3：在"打印"对话框"源"区域选择"A3-1 A3"，在"打印机"下拉列表中选择合适的打印机，在"设置"区域的"副本数"文本框中输入 1，在"比例因子"文本框中输入 4，在"输出"下拉列表中选择"彩色线框"，在"图像分辨率"下拉列表中选择"中"，其他参数采用默认。

步骤 4：在"打印"对话框单击"确定"按钮，即可开始打印。

8.6　上机实操

上机实操案例：机械零件工程图，完成后如图 8.89 所示。

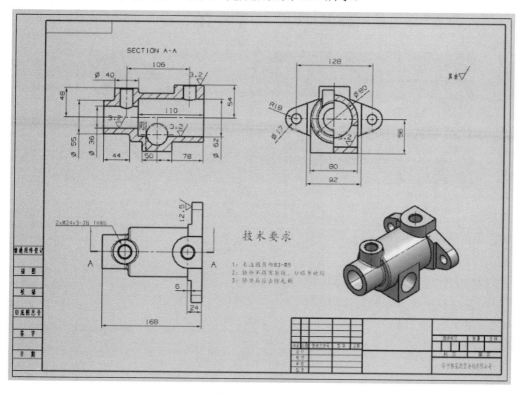

图 8.89　上机实操

第 9 章

UG NX 曲面设计

9.1　曲面设计概述

　　UG NX 中的曲面设计主要用于创建形状复杂的零件，如图 9.1 所示。曲面是指没有任何厚度的几何特征，大家需要区分曲面和实体中的薄壁，薄壁是壁厚比较薄的实体，曲面只是一张面。

图 9.1　曲面产品

14min

9.2　曲面设计的一般过程

　　使用曲面创建形状复杂零件的主要思路如下：

　　（1）新建模型文件，进入建模环境。

　　（2）搭建曲面线框。

　　（3）创建曲面。

　　（4）编辑曲面。

　　（5）曲面实体化。

　　下面以创建如图 9.2 所示的铃铛为例介绍曲面设计的一般过程。

　　步骤 1：新建文件。选择"快速访问工具条"中的 🗋 命令，在"新建"对话框中选择"模型"模板，在名称文本框输入"铃铛"，将工作目录设置为 D:\UG1926\work\ch09.02\，然后单击"确定"按钮进入零件建模环境。

图 9.2 铃铛

步骤 2：创建草图 1。单击 主页 功能选项卡"直接草图"区域中的 按钮，系统会弹出"创建草图"对话框，在系统提示下，选取"XY 平面"作为草图平面，绘制如图 9.3 所示的草图。

步骤 3：创建基准面 1。单击 主页 功能选项卡"特征"区域 基准平面 后的 按钮，选择 基准平面 命令，在类型下拉列表中选择"按某一距离"类型，选取 XY 平面作为参考平面，在"偏置"区域的"距离"文本框输入偏置距离 15，单击"确定"按钮，完成基准平面的定义，如图 9.4 所示。

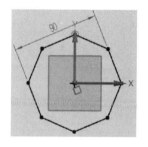

图 9.3 草图 1

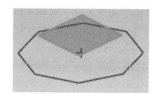

图 9.4 基准面 1

步骤 4：创建草图 2。单击 主页 功能选项卡"直接草图"区域中的 按钮，系统会弹出"创建草图"对话框，在系统提示下，选取"基准面 1"作为草图平面，绘制如图 9.5 所示的草图。

步骤 5：创建如图 9.6 所示的空间样条曲线。选择 曲线 功能选项卡"曲线"区域中

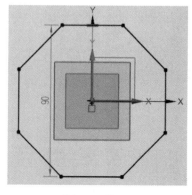

图 9.5 草图 2

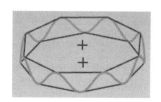

图 9.6 样条曲线

（艺术样条）命令。在系统弹出的"艺术样条"对话框中选中 ☑ 封闭 单选项，然后依次连接
草图1与草图2中的端点，完成后如图9.6所示。

步骤6：创建基准面2。单击 主页 功能选项卡"特征"区域 ▯ 基准平面 ·后的 ▼ 按钮，
选择 ▯ 基准平面 命令，在类型下拉列表中选择"按某一距离"类型，选取 XY 平面作为参考
平面，在"偏置"区域的"距离"文本框输入偏置距离 50，单击"确定"按钮，完成基准
平面的定义，如图9.7所示。

步骤7：创建草图3。单击 主页 功能选项卡"直接草图"区域中的 按钮，系统会弹
出"创建草图"对话框，在系统提示下，选取"基准面2"作为草图平面，绘制如图9.8所
示的草图。

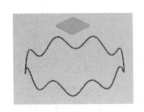

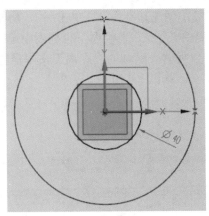

图9.7　基准面2　　　　　　　　　　图9.8　草图3

步骤8：创建草图4。单击 主页 功能选项卡"直接草图"区域中的 按钮，系统会弹
出"创建草图"对话框，在系统提示下，选取"ZX 平面"作为草图平面，绘制如图 9.9 所
示的草图（草图上下两端必须与草图2及样条曲线相交）。

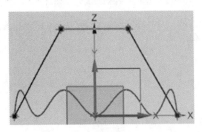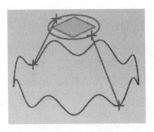

图9.9　草图4

步骤9：创建草图5。单击 主页 功能选项卡"直接草图"区域中的 按钮，系统会弹
出"创建草图"对话框，在系统提示下，选取"YZ 平面"作为草图平面，绘制如图9.10所
示的草图（草图上下两端必须与草图2及样条曲线相交）。

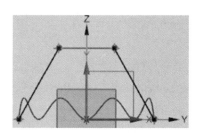
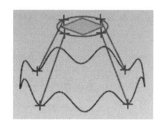

图 9.10　草图 5

步骤 10：创建通过曲线网格。单击 主页 功能选项卡"曲面"区域中的 （通过曲线网格）按钮，系统会弹出"通过曲线网格"对话框；选取如图 9.11 所示的截面 1、截面 2 与截面 3 作为主曲线，选取如图 9.11 所示的引导线 1 与引导线 2 作为交叉曲线，单击 < 确定 > 按钮完成如图 9.12 所示的曲面的创建。

说明： 选取交叉曲线时需要确认选择工具条中 ⊬（在相交处停止）被按下。

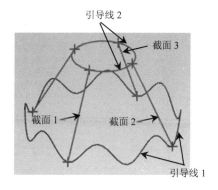

图 9.11　通过曲线网格参考曲线　　　　图 9.12　通过曲线网格

步骤 11：创建镜像几何体。选择下拉菜单"插入"→"关联复制"→"镜像几何体"命令，系统会弹出"镜像几何体"对话框；在"镜像"对话框中激活 要镜像的几何体 区域中的"选择对象"，然后在绘图区域选取整个曲面作为要镜像的对象；在"镜像特征"对话框"镜像平面"区域的"平面"下拉列表中选择"现有平面"，激活"选择平面"，选取 ZX 平面作为镜像平面；单击 < 确定 > 按钮完成如图 9.13 所示的镜像的创建。

图 9.13　镜像几何体

步骤 12：创建缝合曲面。选择下拉菜单"插入"→"组合"→"缝合"命令，选取步骤 10 创建的曲面作为目标体，选取步骤 11 创建的曲面作为工具体，单击 <确定> 按钮完成缝合曲面的创建。

步骤 13：创建加厚。选择下拉菜单"插入"→"偏置缩放"→"加厚"命令，选取步骤 12 创建的缝合曲面作为加厚的对象，在 厚度 区域的 偏置1 文本框中输入 1，单击 ⌧ 按钮将厚度方向调整为向内，单击 <确定> 按钮完成加厚的创建。

步骤 14：保存文件。选择"快速访问工具栏"中的"保存"命令，完成保存操作。

第 10 章 UG NX 动画与运动仿真

10.1 动画与运动仿真概述

UG NX 动画与运动仿真模块主要用于运动学及动力学仿真模拟与分析,用户通过在机构中定义各种机构运动副使机构各部件能够完成不同的动作,还可以向机构中添加各种力学对象(如弹簧、力、阻尼、重力、三维接触等)使机构运动仿真更接近于真实水平。因为运动仿真反映的是机构在三维空间的运动效果,所以通过机构运动仿真能够轻松地检查出机构在实际运动中的动态干涉问题,并且能够根据实际需要测量各种仿真数据并导出仿真视频文件,具有很强的实际应用价值。

10.2 动画与运动仿真的一般过程

下面以模拟如图 10.1 所示的四杆机构的仿真为例介绍动画与运动仿真的一般过程。

图 10.1 四杆机构

步骤 1:打开文件 D:\UG1926\work\ch10.02\四杆机构-ex。

步骤 2:进入运动环境。单击 应用模块 功能选项卡 仿真 区域中的 运动 按钮。

步骤 3:新建仿真。选择 主页 功能选项卡 解算方案 区域中的 (新建仿真)命令,系统会弹出"新建仿真"对话框;采用系统默认的名称和文件夹位置,单击 确定 按钮后系统会弹出"环境"对话框。

步骤4:设置仿真环境。在"环境"对话框的 分析类型 区域选中 ⊙ 动力学 单选项,在 组件选项 区域取消选中 □ 基于组件的仿真 ,在 运动副向导 区域取消选中 □ 新建仿真时启动运动副向导 。单击 确定 按钮完成环境设置。

步骤5:设置固定连杆。选择 主页 功能选项卡 机构 区域中的 ＼(连杆)命令,系统会弹出"连杆"对话框,选取如图10.2所示的对象1作为固定连杆,在 质量属性选项 区域的下拉列表中选择 自动 ,在 设置 区域选中 ☑ 无运动副固定连杆 复选项,单击 确定 按钮完成固定连杆的设置。

步骤6:设置活动连杆。选择 主页 功能选项卡 机构 区域中的 ＼(连杆)命令,系统会弹出"连杆"对话框,选取如图10.2所示的对象2作为固定连杆,在 质量属性选项 区域的下拉列表中选择 自动,在 设置 区域取消选中 □ 无运动副固定连杆 复选项,单击 确定 按钮完成固定连杆的设置。

步骤7:参考步骤6设置对象3与对象4两个活动连杆。

步骤8:添加旋转运动副1。

(1)选择命令。选择 主页 功能选项卡 机构 区域中的 ⬆(接头)命令,系统会弹出"运动副"对话框。

(2)定义运动副类型。在 类型 下拉列表中选择 🔧 旋转副 类型。

(3)定义运动副连杆。在系统提示下,选取如图10.2所示的对象2作为参考连杆。

(4)定义旋转副原点。选中激活 操作 区域中的 指定原点 ,将选择过滤器类型设置为 ⊕,选取如图10.3所示的圆弧作为参考。

(5)定义旋转副方向。选中激活 操作 区域中的 指定向量 ,选取如图10.3所示的平面作为参考。

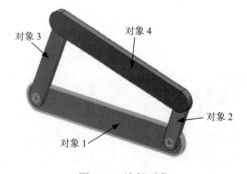

图10.2 连杆对象

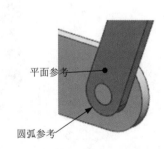

图10.3 旋转副1参考

(6)单击 确定 按钮完成旋转副的添加。

步骤9:添加旋转运动副2。

(1)选择命令。选择 主页 功能选项卡 机构 区域中的 ⬆(接头)命令,系统会弹出"运动副"对话框。

（2）定义运动副类型。在 类型 下拉列表中选择 🚗 旋转副 类型。

（3）定义运动副连杆。在系统提示下，选取如图 10.2 所示的对象 2 作为参考连杆。

（4）定义旋转副原点。选中激活 操作 区域中的 指定原点 ，将选择过滤器类型设置为 ⊙，选取如图 10.4 所示的圆弧作为参考。

（5）定义旋转副方向。选中激活 操作 区域中的 指定向量 ，选取如图 10.4 所示的平面作为参考。

（6）定义啮合连杆参数。在 底数 区域选中 ☑ 啮合连杆 复选框，选取如图 10.2 所示的对象 4 作为啮合连杆，选中激活 底数 区域中的 指定原点 ，将选择过滤器类型设置为 ⊙，选取如图 10.4 所示的圆弧作为参考；选中激活 底数 区域中的 指定向量 ，选取如图 10.4 所示的平面作为参考。

（7）单击 确定 按钮完成旋转副的添加。

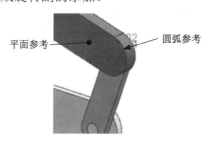

平面参考　　　　　　　圆弧参考

图 10.4　旋转副 2 参考

步骤 10：添加旋转运动副 3。

（1）选择命令。选择 主页 功能选项卡 机构 区域中的 🔩（接头）命令，系统会弹出"运动副"对话框。

（2）定义运动副类型。在 类型 下拉列表中选择 🚗 旋转副 类型。

（3）定义运动副连杆。在系统提示下，选取如图 10.2 所示的对象 4 作为参考连杆。

（4）定义旋转副原点。选中激活 操作 区域中的 指定原点 ，将选择过滤器类型设置为 ⊙，选取如图 10.5 所示的圆弧作为参考。

（5）定义旋转副方向。选中激活 操作 区域中的 指定向量 ，选取如图 10.5 所示的平面作为参考。

（6）定义啮合连杆参数。在 底数 区域选中 ☑ 啮合连杆 复选框，选取如图 10.2 所示的对象 3 作为啮合连杆，选中激活 底数 区域中的 指定原点 ，将选择过滤器类型设置为 ⊙，选取如图 10.5 所示的圆弧作为参考；选中激活 底数 区域中的 指定向量 ，选取如图 10.5 所示的平面作为参考。

（7）单击 确定 按钮完成旋转副的添加。

步骤 11：添加旋转运动副 4。

（1）选择命令。选择 主页 功能选项卡 机构 区域中的 🔩（接头）命令，系统会弹出"运动副"对话框。

（2）定义运动副类型。在 类型 下拉列表中选择 [旋转副] 类型。

（3）定义运动副连杆。在系统提示下，选取如图 10.2 所示的对象 2 作为参考连杆。

（4）定义旋转副原点。选中激活 操作 区域中的 [指定原点] ，将选择过滤器类型设置为 ⊙ ，选取如图 10.6 所示的圆弧作为参考。

（5）定义旋转副方向。选中激活 操作 区域中的 [指定向量] ，选取如图 10.6 所示的平面作为参考。

（6）单击 [确定] 按钮完成旋转副的添加。

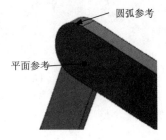

圆弧参考

平面参考

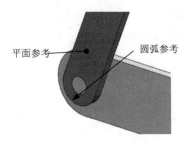

平面参考

圆弧参考

图 10.5　旋转副 3 参考　　　　　　　　　图 10.6　旋转副 4 参考

步骤 12：添加驱动。在"运动导航器"中右击 ☑[旋转副]J001 节点，在弹出的快捷菜单中选择 [编辑...] 命令，系统会弹出"运动副"对话框，单击"运动副"对话框中的 驱动 节点，在 旋转 区域的下拉列表中选择 多项式 类型，在 速度 文本框中输入 180，单击 [确定] 按钮完成驱动的添加。

步骤 13：添加解算方案。选择 主页 功能选项卡 解算方案 区域中的 [解算方案]（解算方案）命令，系统会弹出"解算方案"对话框，在 解算类型 下拉列表中选择 常规驱动 ，在 分析类型 下拉列表中选择 运动学/动力学 ，在 时间 文本框中输入 10，在 步数 文本框输入 1000，选中 ☑按"确定"进行求解 复选项，单击 [确定] 按钮完成解算方案的添加。

步骤 14：播放动画结果。单击 结果 功能选项卡 动画 区域中的 ▶（播放）按钮查看动画结果。

第 11 章

UG NX 结构分析

11.1 结构分析概述

UG NX 结构分析模块主要用于对产品结构进行有限元结构分析,是一个对产品结构进行可靠性研究的重要应用模块,在该模块中具有 UG NX 自带的材料库供分析使用,另外还可以自己定义新材料供分析使用,能够方便地加载约束和载荷,模拟产品的真实工况;同时网格划分工具也很强大,网格可控性强,方便用户对不同结构有效地进行网格划分。另外,在该模块中可以进行静态及动态结构分析、模态分析、疲劳分析及热分析等。

11.2 UG NX 零件结构分析的一般过程

15min

使用 UG NX 进行结构分析的主要思路如下:

(1)准备结构分析的几何对象。

(2)进入高级仿真环境。

(3)创建有限元模型。

(4)创建仿真模型。

(5)仿真模型检查。

(6)仿真模型求解。

(7)仿真模型后处理。

下面以创建如图 11.1 所示的模型为例介绍结构分析的一般过程。

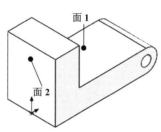

图 11.1 结构分析

如图 11.1 所示是一个材料为 Steel 的零件，在零件的面 1 上添加 1500N 的力，零件 2 的表面固定，分析此零件的应力、应变及位移分布，分析零件是否会被破坏。

步骤 1：打开模型文件。打开文件 D:\UG12\work\ch11.02\结构分析。

步骤 2：进入高级仿真环境。单击 应用模块 功能选项卡 仿真 区域中的 前/后处理 按钮。

步骤 3：新建 FEM 和仿真文件。在仿真导航器中右击 结构分析.prt 节点，在弹出的快捷菜单中选择 新建 FEM 和仿真... 命令，系统会弹出"新建 FEM 和仿真文件"对话框。

步骤 4：定义求解器环境。在"新建 FEM 和仿真文件"对话框 求解器 下拉列表中选择 NX Nastran 类型，在 分析类型 下拉列表中选择 结构 类型，然后单击 确定 按钮，系统会弹出"解算方案"对话框。

步骤 5：定义解算方案。在"解算方案"对话框 解算类型 下拉列表中选择 SOL 101 线性静态 - 全局约束 类型，其他参数采用系统默认设置，然后单击 确定 按钮，完成解算方案的定义。

步骤 6：进入有限元模型环境。在仿真导航器中双击 ☑ 结构分析_fem1.fem 即可激活有限元模型，进入有限元环境。

步骤 7：定义材料属性。选择 主页 功能选项卡 属性 区域中的 物理属性 命令，系统会弹出"物理属性表管理器"对话框。在 类型 下拉列表中选择 PSOLID ，然后单击 创建 按钮，在系统弹出的 PSOLID 对话框中单击 材料 右侧的 （选择材料）命令，在系统弹出的"材料列表"对话框中选择 Steel 材料，然后单击两次 确定 按钮返回"物理属性表管理器"对话框，最后单击 关闭 按钮。

步骤 8：指派材料。选择下拉菜单"工具"→"材料"→"指派材料"命令，在 类型 下拉列表中选择"选择体"，在 材料列表 下拉列表中选择"本地材料"，选中 Steel 材料，然后选取图形区域中的实体作为添加材料的对象，单击 确定 按钮，完成材料的设置。

步骤 9：定义网格属性。选择 主页 功能选项卡 属性 区域中的 网格收集器 命令，系统会弹出"网格收集器"对话框。在对话框的 单元族 下拉列表中选择 3D 选项，在 实体属性 下拉列表中选择 PSOLID1 选项，其他采用系统默认设置，单击 确定 按钮。

步骤 10：划分网格。选择 主页 功能选项卡 网格 区域中的 （3D 四面体）命令，系统会弹出如图 11.2 所示的"3D 四面体网格"对话框，选择零件模型作为网格划分对象，在 类型 下拉列表中选择 CTETRA(10) （10 节点四面体类型）选项，在 单元大小 文本框中输入 5，单击 确定 按钮，网格划分结果如图 11.3 所示。

步骤 11：激活仿真模型。在仿真导航器中右击 ☑ 结构分析_fem1.fem 对象，在弹出的快捷菜单中选择 显示仿真 → 结构分析_sim2.sim ，即可将仿真文件激活。

步骤 12：定义固定约束。选择 主页 功能选项卡 载荷和条件 区域中 （约束类型）下的 固定约束 ，系统会弹出"固定约束"对话框，选取如图 11.4 所示的面作为固定面，单击 确定 按钮完成固定约束的定义。

步骤 13：定义载荷条件。选择 主页 功能选项卡 载荷和条件 区域中 （载荷类型）下的 力 命令，系统会弹出"力"对话框，在 类型 下拉列表中选择 法向 类型，选取如图 11.5 所示的面作为受力对象，在 幅值 区域的 力 文本框输入−1500，单击 确定 按钮完成载荷条件的定义。

图 11.2　"3D 四面体网格"对话框

图 11.3　划分网格

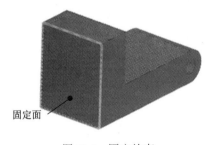

固定面

图 11.4　固定约束

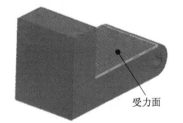

受力面

图 11.5　载荷条件

步骤 14：求解。完成有限元模型的定义和仿真条件的添加后，模型就可以进行求解了，选择 主页 功能选项卡 解算方案 区域中的 █（求解）命令，系统会弹出"求解"对话框，采用系统默认设置，单击 确定 按钮，系统便开始解算。

步骤 15：后处理。在仿真导航器中右击 ▭ 结果 ，在弹出的快捷菜单中选择 ▭ 打开 命令，系统将切换至"后处理导航器"界面。

（1）查看应力图解。在后处理导航器中右击 ▭ 应力 - 单元 ，在弹出的快捷菜单中选择 ▭ 绘图 命令，系统会绘制出如图 11.6 所示的应力结果图解，从图中可以看出，最大应力值为 7.061MPa，而 Steel 材料的最大屈服应力为 620MPa，所以在此工况下，零件是安全的。

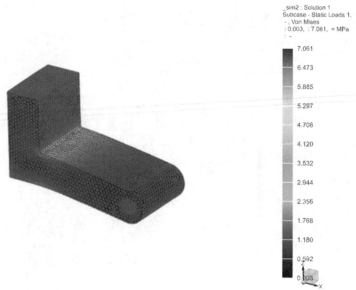

图 11.6　应力图解

（2）查看位移图解。在后处理导航器中右击 位移 - 节点 ，在弹出的快捷菜单中选择 绘图 命令，系统会绘制出如图 11.7 所示的位移结果图解，从结果图解可以看出，在此工况下，零件发生变形的最大位移是 0.007mm，变形位移非常小。

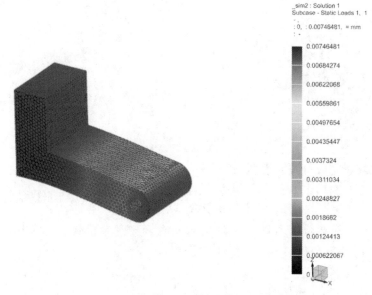

图 11.7　位移图解

（3）查看反作用力图解。在后处理导航器中右击 反作用力 - 节点 ，在弹出的快捷菜单中选择 绘图 命令，系统会绘制出如图 11.8 所示的反作用力结果图解。

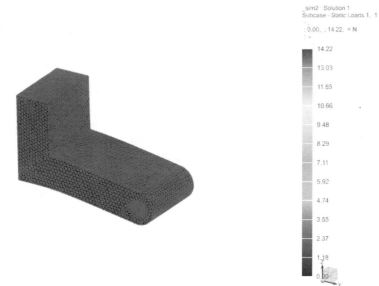

图 11.8　反作用力图解

图 书 推 荐

书 名	作 者
HarmonyOS 应用开发实战（JavaScript 版）	徐礼文
HarmonyOS 原子化服务卡片原理与实战	李洋
鸿蒙操作系统开发入门经典	徐礼文
鸿蒙应用程序开发	董昱
鸿蒙操作系统应用开发实践	陈美汝、郑森文、武延军、吴敬征
HarmonyOS 移动应用开发	刘安战、余雨萍、李勇军 等
HarmonyOS App 开发从 0 到 1	张诏添、李凯杰
HarmonyOS 从入门到精通 40 例	戈帅
JavaScript 基础语法详解	张旭乾
华为方舟编译器之美——基于开源代码的架构分析与实现	史宁宁
Android Runtime 源码解析	史宁宁
鲲鹏架构入门与实战	张磊
鲲鹏开发套件应用快速入门	张磊
华为 HCIA 路由与交换技术实战	江礼教
深度探索 Go 语言——对象模型与 runtime 的原理、特性及应用	封幼林
深入理解 Go 语言	刘丹冰
深度探索 Flutter——企业应用开发实战	赵龙
Flutter 组件精讲与实战	赵龙
Flutter 组件详解与实战	[加]王浩然（Bradley Wang）
Flutter 跨平台移动开发实战	董运成
Dart 语言实战——基于 Flutter 框架的程序开发（第 2 版）	亢少军
Dart 语言实战——基于 Angular 框架的 Web 开发	刘仕文
IntelliJ IDEA 软件开发与应用	乔国辉
深度探索 Vue.js——原理剖析与实战应用	张云鹏
Vue+Spring Boot 前后端分离开发实战	贾志杰
Vue.js 快速入门与深入实战	杨世文
Vue.js 企业开发实战	千锋教育高教产品研发部
Flink 原理深入与编程实战（Scala+Java）	辛立伟
Python 从入门到全栈开发	钱超
Python 全栈开发——基础入门	夏正东
Python 全栈开发——高阶编程	夏正东
Python 全栈开发——数据分析	夏正东
Python 游戏编程项目开发实战	李志远
Python 人工智能——原理、实践及应用	杨博雄 主编,于营、肖衡、潘玉霞、高华玲、梁志勇 副主编
Python 深度学习	王志立
Python 预测分析与机器学习	王沁晨
Python 异步编程实战——基于 AIO 的全栈开发技术	陈少佳
Python 数据分析实战——从 Excel 轻松入门 Pandas	曾贤志
Python 数据分析从 0 到 1	邓立文、俞心宇、牛瑶
Python Web 数据分析可视化——基于 Django 框架的开发实战	韩伟、赵盼

书　名	作　者
FFmpeg 入门详解——音视频原理及应用	梅会东
Python 玩转数学问题——轻松学习 NumPy、SciPy 和 matplotlib	张骞
Pandas 通关实战	黄福星
深入浅出 Power Query M 语言	黄福星
云原生开发实践	高尚衡
云计算管理配置与实战	杨昌家
虚拟化 KVM 极速入门	陈涛
虚拟化 KVM 进阶实践	陈涛
边缘计算	方娟、陆帅冰
物联网——嵌入式开发实战	连志安
动手学推荐系统——基于 PyTorch 的算法实现（微课视频版）	於方仁
人工智能算法——原理、技巧及应用	韩龙、张娜、汝洪芳
跟我一起学机器学习	王成、黄晓辉
TensorFlow 计算机视觉原理与实战	欧阳鹏程、任浩然
分布式机器学习实战	陈敬雷
计算机视觉——基于 OpenCV 与 TensorFlow 的深度学习方法	余海林、翟中华
深度学习——理论、方法与 PyTorch 实践	翟中华、孟翔宇
深度学习原理与 PyTorch 实战	张伟振
AR Foundation 增强现实开发实战（ARCore 版）	汪祥春
ARKit 原生开发入门精粹——RealityKit + Swift + SwiftUI	汪祥春
HoloLens 2 开发入门精要——基于 Unity 和 MRTK	汪祥春
巧学易用单片机——从零基础入门到项目实战	王良升
Altium Designer 20 PCB 设计实战（视频微课版）	白军杰
Cadence 高速 PCB 设计——基于手机高阶板的案例分析与实现	李卫国、张彬、林超文
Octave 程序设计	于红博
ANSYS 19.0 实例详解	李大勇、周宝
ANSYS Workbench 结构有限元分析详解	汤晖
AutoCAD 2022 快速入门、进阶与精通	邵为龙
SolidWorks 2020 快速入门与深入实战	邵为龙
SolidWorks 2021 快速入门与深入实战	邵为龙
UG NX 1926 快速入门与深入实战	邵为龙
西门子 S7-200 SMART PLC 编程及应用（视频微课版）	徐宁、赵丽君
三菱 FX3U PLC 编程及应用（视频微课版）	吴文灵
全栈 UI 自动化测试实战	胡胜强、单镜石、李睿
pytest 框架与自动化测试应用	房荔枝、梁丽丽
敏捷测试从零开始	陈霁、王富、武夏
深入理解微电子电路设计——电子元器件原理及应用（原书第 5 版）	[美]理查德·C.耶格（Richard C. Jaeger）、[美]特拉维斯·N.布莱洛克（Travis N. Blalock）著；宋廷强 译
深入理解微电子电路设计——数字电子技术及应用（原书第 5 版）	[美]理查德·C.耶格（Richard C.Jaeger）、[美]特拉维斯·N.布莱洛克（Travis N.Blalock）著；宋廷强 译
深入理解微电子电路设计——模拟电子技术及应用（原书第 5 版）	[美]理查德·C.耶格（Richard C.Jaeger）、[美]特拉维斯·N.布莱洛克（Travis N.Blalock）著；宋廷强 译